U0577098

·尊严立世的做人哲学 安身立命的办事谋略·

低调做人的哲学

问道 著

光明日报出版社

图书在版编目（ＣＩＰ）数据

低调做人的哲学 / 问道著 . –– 北京：光明日报出版社，2012.1
（2025.4 重印）

ISBN 978-7-5112-1847-6

Ⅰ . ①低… Ⅱ . ①问… Ⅲ . ①人生哲学—通俗读物 Ⅳ . ① B821-49

中国国家版本馆 CIP 数据核字 (2011) 第 224953 号

低调做人的哲学

DIDIAO ZUORE DE ZHEXUE

著　者：问　道

责任编辑：李　娟　　　　　　　　　责任校对：一　苇
封面设计：玥婷设计　　　　　　　　责任印制：曹　净

出版发行：光明日报出版社
地　　址：北京市西城区永安路 106 号，100050
电　　话：010-63169890（咨询），010-63131930（邮购）
传　　真：010-63131930
网　　址：http://book.gmw.cn
E – mail：gmrbcbs@gmw.cn
法律顾问：北京市兰台律师事务所龚柳方律师

印　　刷：三河市嵩川印刷有限公司
装　　订：三河市嵩川印刷有限公司
本书如有破损、缺页、装订错误，请与本社联系调换，电话：010-63131930

开　　本：　170mm×240mm
字　　数：209 千字　　　　　　　　印　　张：15
版　　次：2012 年 1 月第 1 版　　　印　　次：2025 年 4 月第 4 次印刷
书　　号：ISBN 978-7-5112-1847-6-02

定　　价：49.80 元

版权所有　翻印必究

　　当今社会是一个崇尚个性、张扬自我的年代，似乎只有风风光光做人、轰轰烈烈做事才能够紧随时代步伐，赢得良好的社会声誉。其实，这是一种误解。固然，做人要懂得推销自我：你只有将自己的才能和魅力充分展示出来，才能获得他人的关注和认可，才能争取到更多更大的发展空间。同时当今社会也确确实实地在创造各种机会鼓励和支持大家这么做。然而，这并不意味着你要随时随地张扬自我——这样一来，你非但不能如愿以偿，反而会弄巧成拙、事与愿违。

　　商界巨子李嘉诚在他的儿子李泽楷踏足商界时，曾对他有这样一番训诫："树大招风，低调做人。"可见，比起不知天高地厚、招摇过市的人来，那些真正事业有成、人生得意的人，反倒更多信奉和秉持的是一种低调的处世原则。究其缘由，其中蕴含着很深的人生哲理。

　　古语有云：木秀于林，风必摧之；堆出于岸，流必湍之；行高于人，众必非之。古今中外，大凡功成名就、才华出众之人，往往比普通人更容易惹人嫉恨，遭受攻击。不错，成功固然可喜可贺，但成功绝不是可以向人炫耀的资本，更不是可以借以打击他人的武器。一个成熟、睿智的人，要能够在志满意得同时，为他人腾出一片休憩、喘息的空间，不要让自己的荣耀成为盘踞在他人心中的阴影，不要让自己光鲜、轻狂的身影成为他人瞄准、射击的靶子。因此，从这个意义上说，低调做人实为规避风险、明哲保身的良好策略。

除此之外，低调做人也是养精蓄锐的极好方式。低调的人，绝不会妄自尊大、四处逞强。他们只会于不骄不躁、不显不露间蓄积实力、悄然潜行。低调者这样做，一来可以掩人耳目，免受无谓的争斗；二来能够于世事纷扰中辟一片安宁境地——减少旁枝，潜心修养，集中力量，壮大自己。因而，低调做人就是在社会上立身成事的绝好姿态。

　　低调做人既是一种策略，也是一种姿态，同时更是一种品格、一种风度、一种胸襟、一种魄力。低调的人能够于红尘万丈中，始终保持一种高洁淡雅的志趣，以平和的心态看待世间的功利得失，励精图治，且能宠辱不惊、贫贱不移。低调的人，自有其浩然的气度，他们是芸芸众生中超凡脱俗的圣者，他们以豁达随和的处世态度，赢得了世人的敬重，也为自己的生命收获了一份高贵的尊严！

　　总而言之，低调做人是一门高深的智慧，是一种高尚的修养。但低调做人并不意味着卑微做人，低调的人同样高标处世。大凡高标处世者，其做人基调都很低；大凡低调做人者，其处世标准都相当高。因此，我们不难得出这样一种推论：越是低调做人者，越能成就大功大业；越是出人头地者，反而越善于低调做人。

　　那么，低调做人何以能有这么神奇的影响力呢？它对我们的为人处世又有怎样至关重要的意义呢？让我们共同走入本书，于世事浮沉中去学习和感悟低调做人的独特价值吧。但愿本书能成为你人生路上的良师益友，为你解读困惑，指点迷津，与你一道创建幸福美好的人生！

CONTETS

上篇　为什么要低调做人

第一章　地低成海，人低成王

地不畏其低，方能聚水成渊；人不畏其低，故能孚众成王。世间万物皆起之于低，源之于低。低是高的立身与缘起，低是博的发端与衍生。正所谓"海纳百川，有容乃大"，人行于世，以低求高，以曲求直，才能开创更大的发展空间。

第二章　低俯一生，尊荣一世

低调做人是一种境界、一种风度、一种去留无意的胸襟、一种宠辱不惊的胸怀。低调的人总能于世态纷扰中坚持淡定从容的志趣，以平和达观的心态去面对风云莫测的人生。低调的人，是人群中的圣者，他们以一种儒雅体面的气度，为自己的生命赢得了一份高贵的尊严。

第三章　直木遭伐，井干水枯

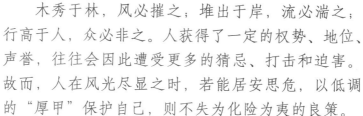

木秀于林，风必摧之；堆出于岸，流必湍之；行高于人，众必非之。人获得了一定的权势、地位、声誉，往往会因此遭受更多的猜忌、打击和迫害。故而，人在风光尽显之时，若能居安思危，以低调的"厚甲"保护自己，则不失为化险为夷的良策。

第四章　水满则溢，月盈则亏

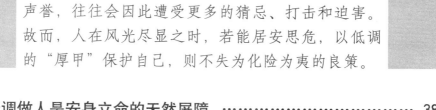

一个容器若装满了水，稍一晃动，水便溢了出来。一个人，若心里盛满了骄矜，便再也容纳不了新的知识、新的经验及别人的忠告。长此以往，事业或者止步不前，或者猝然受挫。故古人云："满招损，谦受益。"只有持盈若亏，人才能不断进步。

中篇　怎样低调做人

第五章　贵而不显，华而不炫

　　人一旦出头了，发达了，就容易成为众人注目的焦点，被人品评，被人臧否，被人算计。因此，越是功成名就之时，越要反躬自省，越要低调做人。唯有将自己融入寻常之中，才能更为有效地保护自己。

第六章　防微杜渐，稳中求胜

　　人在江湖就像风里行船，随时都有遭遇风险、触礁翻船的可能。生活中，不仅大风大浪时时困扰着我们，甚至连许多微不足道的小事都往往能在始料不及间牵系我们日后的成败祸福。人生复杂诡变至此，我们更应收敛锋芒，防患于未然。

第七章　鹰立如睡，虎行似病

　　鹰者天之威，虎者地之雄。但威武若此的动物却时常扮作一副没精打采、有气无力的模样，用以迷惑猎物。待时机成熟之时，霹雳惊雷，以迅雷不及掩耳之势攻击对手，打败对方。自然界如此，人类社会亦然。在生活中常见弱者争风吃醋，而强者反倒装龟扮弱。看来，低调做人更是强者的哲学，用以谋求生存和奋发图强。

第八章　忍小谋大，以忍图强

　　古人云："自行本忍者为上。"意思是大丈夫要能屈能伸、隐忍待机。"忍"其实是一种自我控制，是经过千锤百炼而形成的一种意志，是为人处世中自然流露出的良好修养。它显示着一股强大的内心力量，是成就大业的基础，是谋求幸福的方法。

下篇　低调做人的同时也要高标处世

第九章　低处修心，高处成事

哲学家尼采曾说："一棵树要长得更高、更壮，接受更多的光明，那么它的根就必须更深入黑暗。"正像树一样，一个人要想成功，就得把志向放在高处，把心端平，踏踏实实，走稳每一步，这样才能步步为营、后劲十足。

第十章　低调对人，高标对己

低调的人"宽以待人，严于律己"。他们是人群中的谦谦君子，温文尔雅，平易近人。低调的人，既可处顺，又可处逆；既可攻，又可守。他们能够于复杂诡异的人际环境中进退自如、游刃有余。

第十一章　低调做人，高标做事

有位社会学家曾说过，人一生中要依据两件事来确立自身根基：一件是做人，一件是处世。阅历古今中外，最能保全自己、成就人生的方式便是：低调做人，高标做事。"低调做人、高标做事"是一种高超的智慧，是一门精深的学问。遵循此理，能使我们开创一片广阔的天地，成就一份辉煌的事业，同时收获一个丰盈美满的人生。

为 什 么 要 低 调 做 人

第一章
地低成海，人低成王

　　地不畏其低，方能聚水成渊；人不畏其低，故能孚众成王。世间万物皆起之于低，源之于低。低是高的立身与缘起，低是博的发端与衍生。正所谓"海纳百川，有容乃大"，人行于世，以低求高，以曲求直，才能开创更大的发展空间。

1 低基调做人并非低标准处世

低调是外"抑"内"扬"的处世哲学

在流行唱高调的今天，低调的功能常常被人所忽视。其实低调经常是制胜的法宝，低调是一种外"抑"内"扬"的策略，低调的姿态常常能够战胜高调，取得出奇制胜的效果！

当年美国《时代周刊》曾刊登了"全球最具影响力的 100 人"名单，华为技术有限公司总裁任正非先生成为中国内地唯一入选的企业家，和微软董事长比尔·盖茨、苹果电脑 CEO 史蒂夫·乔布斯等跨国企业大腕比肩。

《时代周刊》评价说，现年 61 岁的任正非显示出惊人的企业家才能。他在 1988 年创办了华为公司，这家公司已重复当年思科、爱立信等声名卓著的全球化大公司的发展历程，如今这些电信巨头已把华为视为"最危险"的竞争对手。

不过，这个极富传奇色彩的电信巨头以及他所统领的华为公司，却并不致力于"抛头露面"，其行事作风倒是出奇的低调。

任正非的"低调"是出了名的，这位受国家领导人"钦点"出国访问的企业家从不接受媒体采访，从不在公共场合抛头露面，从不参加各种无关紧要的集会、宴会。这与他的很多同行形成强烈的反差——很多人都是唯恐被媒体和大众冷落，他却是唯恐被媒体"曝光"。

在回答为什么不接受采访时，任正非的坦率让人吃惊："我们有什么值得见媒体？我们天天与客户直接沟通，客户可以多批评我们，他们说了，我们改进就好了。对媒体来说，我们不能永远都好呀！不能在有点好的时候就吹牛。我不是不见人，我是从来都见客户的，最小的客户我都见。"

任正非在一次讲话中说：希望全体员工都要低调，因为我们不是上市公司，所以我们不需要公示社会。我们主要是对政府负责任，对企业的有效运行负责任。对政府的责任就是遵纪守法，我们上一年向国家上缴利税 27 亿元，今年可能会增加到 40 多亿元。我们已经对社会负责了。

1998 年，华为以 80 多亿元的年营业额雄踞当时声名显赫的国产通信设备四巨头之首，势头正猛。而华为的总裁任正非不但没有从此加入明星企业家的行列，反而对各种采访、会议、评选唯恐避之不及，直接有利于华为形象宣传的活动甚至政府的活动也一概拒绝，并给华为高层下了死命令：除非重要客户或合作伙伴约见，其他活动一律免谈，谁来游说，我就撤谁的职！

因此，《南风窗》杂志总编辑秦朔的《"冬天"的震撼——华为给中国企业界的启示》一文中说："华为也许是中国企业界最令人捉摸不透的公司。迄今为止，几乎没有任何传媒能够采访它的最高领导人，能够对它的发展历程进行详细报道。你当然可以进入它的网站，进入'新闻中心'，但当你点击'媒体报道'时，它却毫无反应，一如这家企业面对传媒时的态度。"

上网查询，你会发现华为的公司简介非常朴素，主要内容为介绍其各类产品，完全没有要做出大公司气派的意思。

不仅如此，华为的低调还体现在内内外外的诸多方面：

华为的电信设备经营在国际国内市场纵横捭阖，但是在公开场合，华为从不称自己是"第一"。华为也从不张扬地打广告，如果不是偶尔有新闻说华为在某国中标，或做并购交易，人们则无从知道华为为什么可以做得这么好，譬如它怎么做营销，譬如是哪家国际咨询公司为它做哪一方面的服务。从这个角度来说，华为公司是典型的"低调"

企业。尽管它如此低调，但却获得了巨大的成功，它正是通过低调达到了真正的"高调"！

在华为看来，"低调"首先显示为务实。从 VCD 到 DVD，各大企业都非常注重宣传，业界一直非常热闹。但是，宣传的正面、负面作用总是在交替出现，这个行业因此也被戴上了炒作、作秀的帽子，给消费者以不信任感。而华为只是把关注点集中在自己的基础方面：一个是产品，一个是品牌。能让媒体了解的，也是基于这两个方面的延伸。他们不去炒作什么概念，因为所有炒作概念的效果只有一个，那就是赚"快钱"和"短钱"。因为你的概念再高超，也要落实到消费者的产品体验上去。科技发展这么快，消费者总有醒悟的时候，所以只可能是"短钱"。但华为关注的是企业的长远利益，追求的是"做久"，所以短视的宣传不是他们要选择的方向。也正因为如此，华为的广告很少在公众媒体出现。恰如任正非本人经常所讲的那样："只有安静的水流，才能在不经意间走得更远。"然而这种低调的宣传策略使它的产品给人一种"踏实"、"靠得住"的感觉。相反，许多注重高调宣传的企业，给人一种轻浮的印象。

华为其实非常注重企业自身的宣传，但是如何让媒体关注自己，以及关注自己什么，华为却有与众不同的想法。比如说，网上关于万利达的新闻，更多的是在说"歌王 VCD"以及"刻录 DVD"。这些都是华为在产品创新方面做得比较好的事例。信息不多，也并不热闹，但是华为传达的基本理念很明确，那就是：这是一个关注创造消费者价值，关注技术、产品创新的企业。华为的管理风格也跟宣传风格一样，似乎保守、简洁、务实。这种并不极力粉饰渲染的宣传手法所取得的效果，比那些用铺天盖地的高调宣传来提高自己品牌价值的企业要好很多。

根据华为公布的业绩数据，2006 年华为销售收入为 656 亿元人民币（按当时的汇率折合 84.5 亿美元），销售合同销售额达到 110 亿美元，其中有 65% 是来自海外市场。在目前 TCL、联想等很多企业国际化困境重重的背景下，华为已经率先实现了国际化，成功打入了世界级企业的行列。

　　或许只有考察历史，我们才能更深刻地了解任正非及其所领导的华为，才能真正理解任正非的沉默和低调所承载的意义和价值。在当今这个争名逐利、物欲横流的社会里，缺少的或许恰恰就是这种低调做人、踏实做事的精神吧。其实，对于一个人或者一个企业的发展来说，荣辱毁誉都只是些虚名、浮华的东西，说到底不过是过眼烟云。名誉固然重要，但切实的利益、长远的发展才是更为重要的。因此，无论是个人还是团体，只有淡化功名、踏踏实实立足现实事业，才能更容易取得胜利、创造奇迹，从而能够笑得更久，笑得更好。

低调做人是一种积极主动的进取态度

　　著名哲学家尼采曾说过："一棵树要长得更高、更壮，接受更多的光明，那么它的根就必须更深入黑暗。"正像树一样，一个人要想成功，就得把志向放在高处，把心放低——踏踏实实、严严谨谨通过一个个具体的行为去实现自己的远大之志，而不是好高骛远、心浮气躁。这是成大事必备的素质！

　　有这样一位年轻人：生活的不满和内心的不平衡一直折磨着他。他觉得自己有着过人的才华，本可以做得很出色，然而却怀才不遇，饱受着现实中种种琐碎事务的摧残。以至于周围很多"平庸"无奇的朋友一个个出人头地，他却始终"大材小用"、碌碌无为！直到一个夏天，他与同学迈克尔乘渔船出海，才一下子懂得了许多。

　　迈克尔的父亲是一个老渔民，在海上打鱼为生几十年了。年轻人看着他那从容不迫的样子，心里十分敬佩。

　　年轻人问他："每天你要打多少鱼？"

　　他说："嗨，孩子，打多少鱼并不是最重要的，关键是只要不是空手回来就可以了。迈克尔上学的时候，为了缴清他的学费，我不能不想着多打一点儿。现在他毕业了，我也不奢望打多少了。"

　　年轻人若有所思地看着远处的海，突然想听听老人对海的看法。

他说："海是够伟大的了，滋养了那么多的生灵……"

老人说："那么你知道为什么海那么伟大吗？"

年轻人不敢贸然接荐。

老人接着说："海之所以伟大，是因为它装了无限多的水。而海之所以能装那么多水，是因为它的位置最低。"

位置最低！噢，原来大海是以其最低成就其伟大的！

老人正是因为能够把位置放得很低，所以能够从容不迫，能够知足常乐。

而许多年轻人有时并不能摆正自己的位置，因此经常为自己的一点成绩而沾沾自喜，因自己的一点优势便夜郎自大。

相反，如果能把自己的位置放得低一些，脚踏实地，站稳脚跟，然后一步步登攀，到达顶峰才更有把握。正如一位哲人所言，很多高贵的品质都是由低调的行为成就的。要想高成，须得先低就，世上绝大多数成功人士都是从低调做人开始一步步走向人生巅峰的。

一位计算机博士学成后开始找工作，因为有个"吓人"的博士头衔，一般的用人单位"不敢"录用他，而经验的缺乏又让很多知名企业对他抱怀疑态度。在整个不景气的就业形势下，他发现自己的"高学历"竟然成了累赘。思索再三，他决定收起所有的学位证明，以一种最低的身份进入职场，去获取自己目前最需要的财富——经验。

不久，他就被一家公司录用为程序输入员。这种初级工作对于拥有博士学位的他来说简直是种"侮辱"，但他并没有敷衍了事，反倒仔仔细细、一丝不苟地工作起来。一次，他指出了程序中的一个重大错误，为公司挽回了损失，老板对他进行了特别嘉奖。这时，他拿出了自己的学士学位证书。于是，他得到了一个与大学毕业生相称的工作。

这对他是个很大的鼓励，他更加用心地工作，不久便出色地完成了几个项目。在老板欣赏的目光中，他又拿出了自己的硕士学位证书，为自己赢得了又一次提升的机会。

爱才惜才的老板对他产生了浓厚的兴趣，开始悉心地观察他，注意他的成长。当他又一次提出一些改善公司经营状况的建议时，老板和他进行了一次私人谈话。看着他的博士学位证书，老板笑了。他终于得到了理想中的那个职位，尽管有些曲折，但他却觉得从最低处开始努力的整个过程都很有意义。

这位博士以退为进，先将自己放在一个极低的水平线上，然后踏踏实实地奋斗，为自己积蓄内在资本。"真金不怕火炼"，他在平凡的岗位上显示出了光彩，被慧眼识英雄的老板委以重任。在目标不可能一蹴而就的时候，他选择了低调策略，为自己赢得了一个事业起步的机会。

一个人只有放低心态、盈而亏之才能明确自己的处境，从而知进识退，进退有节，挥洒自如，在激烈的社会竞争中立于不败之地。

生活的智者们不会在形势不利于自己的时候去硬拼硬打，那样只可能是以卵击石、自寻死路或两败俱伤、损伤惨重。在这种时候，他们会适时低身，"以低就高"，以求打破僵局，为自己积蓄力量，赢得机会。等到有朝一日羽翼丰满时，才表明自己的主张和态度。这时候，他们就是真正的强者了。

2 低调做人是以低就高的强者攻略

低是高的铺垫，高是低的目标

低调做人是一种高超的处世谋略，低调做人绝不意味着卑微，它是一种"以低求高"的强者韬略。生活中能见到一些貌似平淡无奇、"胸无大志"的人，最后却能够"一鸣惊人"，做出出人意料的成绩。这些人，在人生路上选择了低调，他们不张扬、不卖弄，然而却是志存高远、坚忍不拔，凭借着不懈的努力，最终迈入了人生的高标境界。

　　罗明是湖北一所大学的英语教师，在市场经济浪潮的推动下，他也决定开创一番属于自己的事业。于是他离开了自己得心应手的教育界，到了北京的一家俱乐部工作。北京的俱乐部大多数为会员制，要想有所发展，必须要大力发展会员。而在俱乐部里，衡量一个人的工作业绩，主要是看他发展了多少会员，以及售出了多少张会员卡。他的上司告诉他，你现在唯一需要做的就是一件事：售卡。

　　那段时间里，罗明对一切都感到生疏，初来乍到的他也没有什么可以利用的关系。可想而知，他的处境该有多么窘迫！他决定采取一个初入道者都采用过的笨办法：扫楼。"扫楼"是业内人士的术语，即大大小小的公司都聚集在写字楼里，你要一家一家地跑，一家一家地问。那种情形就跟扫楼差不多。当然，你必须要找经理以上的高级管理人员，最好是总裁，因为普通的白领是难以接受价格不菲的会员卡的。

　　罗明的生活从此开始发生了180度的大转弯。他由一名荣耀至极的大学教师，一下子"跌落"成了一个"厚脸皮"的推销员。那是一种什么样的感觉？他心理上的落差可想而知。

　　有一个朋友问过罗明关于"扫楼"的事情。那个朋友阴阳怪气地问他："'扫楼'是不是很威风，一层一层，挨门逐户"罗明听完这番话，内心真是酸甜苦辣什么滋味都有。往事不堪回首，他至今还清楚地记得"扫楼"之初的那种狼狈和艰辛。他曾经精确地统计过，他"扫楼"的最高纪录是一天内跑了10栋写字楼，"扫"了72家公司。那天，他浑身的感觉就像是散了架一样，腿和脚都不是自己的了，别说走路，再想挪动一下都困难。那天晚上，他乘电梯从楼上下来，在电梯间里，他感到自己的胃正一阵阵痉挛、抽搐，当时他唯一的想法就是找个清静的地方大吐一场。除了累，还要忍受人们的白眼和奚落，这对于从小到大都一直备受尊重的他来说，该是怎样一种伤害啊！

　　如果推销会员卡只用"扫楼"这一种方式，那么很少有人能够坚持下去，也很少有人能够成功。"扫楼"只是步入这个行业的初始阶段，秘诀还是有的。大约半年后，罗明开始出现在俱乐部召开的各种招待酒会上。出席这类酒会的人都是些事业有成、志得意满的成功人士。置身于这样的环境中，罗明发现那些如同铁板一样的面孔不见了，那些刺痛人心的冷言冷语不见了，代之出现的是真正意义上的彬彬有礼。他感到一下子就放开了自己。他本来就该属于这里——他的涵养，他的才学，即使他曾经历过一段坎坷卑微的"奋斗史"，又怎能磨灭他所固有的价值与尊贵呢？他知道他们需要什么，知道他们需要听从什么样的劝告。这是很重要的，因此他一下子就能拉近与他们之间的距离。他的语言，他的讲解，也不再是那样干巴巴的，而是仿佛带有一种难以抗拒的鼓动力。他告诉他们，俱乐部将会给他们最为优质的服务，而购买价格昂贵的会员卡，那就是一种地位、身份和财富的象征。

在一次专为外国人举办的酒会上，似乎没有人比他更为游刃有余了。他有一口纯正、流利的英语，这让他一下子就与老外们打成了一片。他曾经一个下午同时向 8 个老外推销，结果竟然售出了 9 张会员卡——其中有 1 个人多买了 1 张，是送给他朋友的。每张会员卡 5 万美元，每售出 1 张会员卡，销售人员就可以从中提取 10% 作为佣金。这样，罗明一下午的收入就很容易推算了。

那以后，罗明在几个俱乐部之间来回"跳槽"。到了 2004 年初，他终于在一家俱乐部安营扎寨。他已经不用再去"扫楼"了，即使是参加招待酒会，他也不用怂恿别人去买会员卡了。他有良好的学历、良好的敬业精神和销售业绩，所以，他从销售员、销售经理、销售总监一直坐到了俱乐部副总裁的位置上。想想看，如果没有当年的"低人一等"，哪里会有后来的"高人一等"呢？

"低是高的铺垫，高是低的目标"，你只要去研究那些已经处在事业金字塔上的人的经历，就会发现：他们并不是一开始就"高人一等"、风光十足的，他们也曾有过艰难曲折的"爬行"经历，然而他们却能够端正心态，不妄自菲薄，不怨天尤人。他们能够忍受"低微卑贱"的经历，并在低微中养精蓄锐、奋发图强，尔后他们才攀上人生的巅峰，享受世人的尊崇。

先潜下心来，才能伸出手去

生活中，我们常常能见到这样一批人：他们无论到哪儿都显得那样强势，并不失时机地彰显自己"鹤立鸡群"的"强者风范"，仿佛自己是"天之骄子"、"一代枭雄"。他们无论干什么事情都是风风火火、"慷慨激昂"的。可结果如何呢？他们做事每每"虎头蛇尾"，"轰轰烈烈"没几日也就"偃旗息鼓"了。为什么会这样？这是由于他们把自己摆得太高，心浮气躁地去做事，这样自然会浮光掠影、一无所成。因此，一个人要想在社会上有所成就，就必须学会"先潜下心来"，其后，他才能"伸出手去"。

五代时期南唐有位画家叫钟隐，他从小喜欢绘画，后经名师指点，自己又刻苦练习，年纪不大就成了名。从此，他家中的宾客络绎不绝，有求画的、有求教的、有切磋探讨画艺的，当然也有巴结奉承的，好不热闹。要是换了肤浅的人，遇到这种情况，一定会自鸣得意、沾沾自喜。可是钟隐对这一切却无动于衷，每天仍然在书房里潜心作画，一切应酬的事全让家人代劳，除了万不得已才亲自出面。无意之中，他连自己的新婚妻子也给冷落了。

钟隐深知自己山水画已经很有功力，但花鸟画还有欠缺。俗话说"自学一年，不如拜师一天"，要想画好画，必须有名师指点，以免走歪路，事倍功半。他四处打听哪里有擅画花鸟的名师高手，自己好前去拜师学艺。可是打听了很久也一无所获，钟隐因此心中十分烦恼。这一天，他与故人侯良一起喝酒，酒到酣处，二人的话也就多了。钟隐诉说了自己的苦恼，并问侯良是否能给引荐个擅画花鸟的名师。侯良说："这你可找对人了。我的内兄郭乾晖就很擅长画花鸟画。我妻子说，有一次他画的牡丹，竟把蜜蜂给招来了。不过这个人性格古怪孤僻，别说收学生，就连自己画的画也轻易不给人看。更怪的是，他画画还总躲着人，恐怕人家把他的技法偷学去。"

11

钟隐倒觉得郭乾晖这个人很有意思。他如此保守，恐怕心怀诀窍。可是怎么才能接近他呢？这倒得费费脑筋了。

钟隐是个倔脾气，什么事只要他想做，就一定要千方百计地做成。他四下打听，听说郭乾晖要买个家奴。他想，这倒是个好机会，我不妨扮作家奴，一来可以进郭府，二来可以看到郭乾晖画画。

于是，钟隐打扮成仆人的样子，到郭府应聘去了。

郭乾晖见钟隐长得非常机灵，就留下了他。

在郭府，钟隐每天端茶递水，打扇侍候，什么杂活儿都干。他毕竟是富家子弟，一切生活起居从来都是由别人照顾，哪里干过这些粗活？一天下来，他累得腰酸腿疼。唯一使他感到安慰的是他看到了一些郭乾晖的画作，那可真是名副其实的上乘之作。

钟隐想尽办法，坚持不离郭乾晖左右，希望能亲眼看见他作画。而每次作画前，郭乾晖不是让他去干这，就是让他去干那，想方设法把他打发走。就这样，钟隐虽然卖身为奴，却还是没有看到郭乾晖作画。

一连两个月过去了，钟隐还是一无所获。几次他都产生了走的念头，但心中又总觉得还有一线希望，这使得他留了下来。

再说钟隐的家里。钟隐卖身为奴学画的事情谁也没有告诉，连他的妻子也只知道他是出远门，去会朋友了。钟隐毕竟是个名人，每日高朋满座，可这些日子，朋友来找他，家人都说他出门了，问去哪儿了，又都说不知道。一次两次，搪塞过去，时间一长，人们就起了疑心。最后连家人也疑心重重，特别是钟夫人，非要把他找回来不可。

一天，郭乾晖外出游逛，听人家说名画家钟隐失踪了两个月了，连家人也不知道他去了哪儿。再听人家描述钟隐的岁数和相貌，郭乾晖觉得这个人好像在哪儿见过。细一想，觉得跟家里的那个年轻人相像，而他正好来家里两个月。

"怪不得他总想看我作画呢，"郭乾晖恍然大悟，"不过他倒真是个好青年，能带这样的学生，是老师的幸运。我也就后继有人了。"

郭乾晖急急忙忙地跑回家，把钟隐叫到书房里，说道："你的事情我全知道了。为了学画，你不惜屈身为奴，实在使老夫惭愧。我多年来不教学生，自有我的道理，今天遇到你这样虚心好学的青年，我也不能不破例了。将来你会前途无量的。"

钟隐终于以执着的求学精神感动了郭乾晖，名正言顺地成了他的学生。而郭乾晖则把自己多年的体会和技艺毫无保留地传授给了钟隐。

钟隐为了拜师学艺，不惜自降身价，卖身为奴。他这份诚挚的心意最终于打动了执拗的郭老前辈，获得了丰厚的回报。由此可见低调的力量之大。当我们急于出头、急于求成时，不妨学习钟隐，把心潜下来，诚心诚意、踏踏实实地走稳脚下的路。功夫既到，事情自然也就成了。

3 低调做人是立足社会的必然要求

从低微处起步更益于立身

除了无行为能力者外，我们绝大多数人迟早都要融入社会生活中，在社会的急流中激荡沉浮。那么，我们在步入社会之初如何能行走得安然顺利又"步步高升"呢？这就要求我们必须学会低调。

孟买佛学院是印度最著名的佛学院之一。这所佛学院之所以著名，是因为除了它的建院历史久远、建筑辉煌和培养出了许多著名的学者之外，它还有一个特点是其他佛学院所没有的。这是一个极其微小的细节，但它却有很深的寓意在里边，几乎所有进入过这里的人都承认，正是这个细节让他们终身受益无穷。原来，与别的佛学院不同的是，孟买佛学院在它的正门一侧又开了一个小门，这个小门只有 1.5 米高、40 厘米宽，一个成年人要想过去必须学会弯腰侧身，不然就只能碰壁了。

这正是孟买佛学院给它的学生上的第一堂课。对于所有来校的新生，教师都会引导他到这个小门旁，让他进出一次。很显然，所有的人都是弯腰侧身进出的。尽管这有失礼仪和风度，但是达到了教育的目的。教师说，大门当然出入方便，而且能够让一个人很体面、很有风度地出入。但是，有很多时候，我们要出入的地方并不都是有着壮观的大门的。这个时候，只有暂时放下尊贵和体面才能够出入。否则，你就只能被挡在院墙之外了。

佛学院的教师告诉他们的学生，佛家的哲学就在这个小门里。人生的哲学也在这个小门里，在人生的道路上，很多时候都没有宽阔的大门，许多的门都是需要弯腰侧身才可以进去的。

要使自己在人生旅途中走得更顺利些，少受打击和伤害，修炼"弯腰、低头、侧身"对每个人来说都是一门必不可少的功课。

有一个有趣的"蘑菇定律"，是形容初学者或年轻人的。刚入道的人处境很像蘑菇：被置于阴暗的角落（不受重视的部门，或做着打杂跑腿的工作），浇上一头大粪（无端的批评、指责、代人受过），任其自生自灭（得不到必要的指导和提携）。

据说，"蘑菇定律"是 20 世纪 70 年代由一批年轻的电脑程序员"编写"的。这些天马行空、独来独往的人早已习惯了人们的误解和漠视，所以在这条"定律"中，自嘲和自豪兼而有之。

相信很多人都有过一段"蘑菇"经历，但这不一定是什么坏事，尤其是当一切都刚刚开始的时候。当上几天"蘑菇"，能够消除人很多不切实际的幻想，让我们更加接近现实。

现实中，常常不乏这样的年轻人——刚走出校园时，总是对自己抱有很高的期望，认为自己一开始工作就应该得到重用，就应该得到相当丰厚的报酬。他们喜欢在工资上相互攀比，工资似乎成了他们衡量彼此价值的唯一标准。

一旦得不到重用，或工资达不到他们的预期，曾经对于前程的"狂想"就会在他们心中逐渐破灭。于是他们没有了信心，没有了热情，工作时总是采取一种应付的态度，能少做就少做，能躲避就躲避，敷衍了事，"做一天和尚撞一天钟"，以至到最后离曾经的梦想越来越远。

因此，对于大多数人来说，参加第一份工作时必须消除不现实的幻想，并且应该认识到，没有任何工作是卑微的。年轻人应该磨去棱角，适应社会，不断充电，提升能力。要知道，无论多么优秀的人才，步入社会时都只能从最简单的事情做起。一个人，只有放下架子，打牢根基，才能在日后有所作为。

放低心态才能走稳脚下路

生活中总是存在这样那样的规则，不会因为我们没有察觉就消失，更不会因为我们的无知就轻而易举地宽恕我们。因此我们要步步留神，一旦你一不小心碰触了这些隐蔽的雷区，等待你的也许就是毁灭性的打击。

孙兴是一名名牌大学毕业生，他到一家大公司去应聘，被录用了。而后，他主动找到公司人事主管，说自己不怕苦累，只是希望能到挣钱多的岗位上工作。原因是他是农村来的大学生，几年大学下来，花光了家里的所有积蓄不算，还欠了不少外债。人事主管很同情他，把他分配到了营销部当推销员。因为这家公司生产的健身器材很畅销，推销员都是按销售业绩计算收入，因此尽管孙兴是个新手，但他吃苦耐劳、聪颖好学，1年下来，得到的薪金倒比其他部门的员工多出好几倍。由此，他也就下定决心在营销部干下去。

时间长了，他渐渐发现了营销部里一些工作上的疏漏，管理也不规范。因此他除了不断加强与客户的联系外，还把心思用到了营销部的管理上，经常向经理提出一些意见，希望凭借自己的才能得到上司的赏识。对此，经理总是回答说："你提出的意见很好，可我现在实在太忙了，抽不开身，改进工作等以后再慢慢来吧。"经过几次和经理谈话，孙兴发现一个秘密，那就是营销部墙上的组织结构图表中有副经理一职，可他到营销部已近半年，却从未见过副经理，难怪部里有些工作无人管理呢。

随后，孙兴通过打听了解到，营销部副经理的薪金高过推销员好几倍。于是，他萌发了担任营销部副经理一职的想法。想了就干，"初生牛犊不怕虎"，有抱负又何惧众所周知？于是在一次营销部全体员工会议上，他坦陈了自己的想法，经理当众表扬并肯定了他。可没想到，自那次会议后，孙兴的处境却越来越被动了。他初来乍到，并不知道那个副经理之职已有许多人在暗中等待和争夺，迟迟没有定下来的原因就在于此。而孙兴的到来，开始并未引起人们的关注，因他只是个"小雏"，羽翼未丰，不足刮目。但时间一长，他频频问鼎此事，又加之他有学历，人们便感到他的威胁了。这次他又公然地要争这个职位，无疑是捅了马蜂窝，大家越看他越觉得可恶。一时间，控告他的材料堆满了经理的办公桌，什么孙兴不讲内部规定踩了我客户的点；他泄漏了我们的价格底线；他抢了我正在谈判中的生意……这些控告中的任何一项都是一个推销员所承受不了的。于是，为了安定部里的情绪，不致影响营销任务，经理与人事部门商定，一纸通牒令下，让孙兴"心不甘，情不愿"地离开了该公司。

孙兴的遭遇对于当代许多人来说，实在是一堂生动的教育课。是的，"志当存高远"，一个年轻人，志向就应该远大高尚。但是，如果自恃有远大抱负就目空一切、咄咄逼人，那只会招来更多人的厌恶、鄙视和攻击。失去了别人的支持和帮助，再大的志向、再高的才能又有什么用呢？倒不如把这些高远的志愿埋在心里，低调做人，平和行事。这样避免了纷争，反倒更利于立身、处世，大家何乐而不为呢？

4 低调做人是发展事业的基本姿态

深藏不露可避免无益争斗

低调策略不是纯粹的为人处世手段，它具有普遍的制胜意义。无论在商业上、军事上，还是政治上，采取低调策略都往往能收到意想不到的理想效果。

"卡西欧"和"精工"是日本电子信息产业的两家死对头。精工以生产瑞士风格的手表著称，它曾在很短的时间内使其经营业绩超越了卡西欧。

当年，卡西欧已是风靡全日本的名牌。在手表行业，排名的前与后将会造成产品档次和营销量很大的差别。在精工超越卡西欧的时候，后者岂有坐以待毙之理？

于是，卡西欧痛定思痛，决定封锁消息，韬晦图强。

在表面上，卡西欧公司装出很低调、一副甘拜下风的样子，并在适当的时候放出消息，说由于竞争的激烈，公司准备改行。但实际上，他们却把眼光盯住了以石英晶体为振荡器的显示技术新领域，并告诫全体员工不得对外透露。

经过多次的秘密试验，卡西欧终于开发出了精确度更高，而造价却比原来同档次手表成本低的石英电子表。

而后，卡西欧又趁热打铁地开发了一系列电子新产品，除了电子表，还有收录机、电子钟、文字处理机、计时器和电视机等。

在产品投放市场的时候，卡西欧才突然进行大肆宣传，让精工措手不及，想再迎头赶上已是望尘莫及。

后来，卡西欧又用同样的方法研制生产出以液晶电视机为主的系列新产品，成了本行业的排头兵。

卡西欧知道，如果让精工公司事先知道自己要研制这些产品，他们将会有所准备，要么会尽快研制出同类产品，要么会研制敌对产品。那样将造成两败俱伤的局面，至少会让自己的市场份额减少一半。

现代竞争必须要有深谋远虑的策略，有时要虚张声势、大张旗鼓；有时却要偃旗息鼓、卧薪尝胆，等待时机一鼓作气。所谓韬光养晦、养精蓄锐、出奇制胜，说的就是这个道理。

萨达特是 1952 年埃及"七·二三"革命的组织者和发起者之一。革命成功后，他不图大权，恬淡自若，对于大权在握的纳赛尔的命令，也总是唯唯诺诺。纳赛尔为此称萨达特为"毕克巴希萨萨"，即"是，是，上校"，甚至不满意地讲："只要萨达特不老说'是'，而用别的话来表示他的赞成意见，我就会觉得舒服些。"

在日常工作中，萨达特不露声色，表现得平平常常。对于内政问题和外交大事，他从不拿出主见，自己的公开态度偶尔稍有出格，他就会立刻纠正，与纳赛尔的信念保持一致。

1967 年第 3 次中东战争后，纳赛尔考虑隐退，将扎克里亚·毛希西提名为继任者。但 3 年之后，经再三权衡，考虑到顺从性强及危险性小等理由，纳赛尔出人意料地选了萨达特为继任者。出于对萨达特易于控制和为人温和的考虑，埃及军方也支持萨达特。

1970 年 9 月纳赛尔去世后，埃及开始了一场激烈的权力之争。争夺者们既有潜在势力，又都大权在握，他们互不相让。但后来由于政治妥协，平日不起眼的萨达特倒被捧上了总统宝座。

但是他们没有想到，这位看来不起眼的萨达特，继任总统后，竟一反平日之态，大刀阔斧，雷厉风行，迅速掌握了政府权力。

萨达特就是这样隐藏锋芒、故意显示出弱小，最终出人意料地获得实权，实现了自己的政治野心的。

有人喜欢在办公室里大谈人生理想，这显然很滑稽——打工就安心打工，雄心壮志回去和家人、朋友说。在公司里，要是你没事整天念叨"我要当老板，自己置办产业"，很容易被老板当成敌人，或被同事看作异己。如果你说"在公司我的水平至少够副总"或者"35岁时我必须干到部门经理"，那你很容易把自己放在同事的对立面上。

因为野心人人都有，但是位子有限。你公开自己的进取心，就等于公开向公司里的同僚挑战。僧多粥少，树大招风，何苦被人处处提防、被同事或上司看成威胁呢？做人要低姿态一点儿，这是自我保护的好方法。你的价值体现在做多少事上，在该表现时表现，不该表现时就算韬晦一点儿也没什么不好。能人能在做大事上，而不是能在大话上。

低调处世有益于养精蓄锐

毋庸置疑，这个社会上没有哪个人是天生就自甘平庸的，谁都希望自己能"举世瞩目"、"光彩照人"。然而，要想充分展示自我，受人认可，没有足够的资本是不可能"梦想成真"的。人们常说"要想人前显贵，须得人后受罪"，"台上一分钟，台下十年功"，没有"背后"和"台下"的低调历练，又哪来的"一飞冲天"、"一鸣惊人"呢？

京城有一家非常有名的中外合资公司，前往求职的人如过江之鲫，但由于其用人条件极为苛刻，求职者被录用的比例很小。那年，从某名牌高校毕业的小李非常渴望进入该公司。于是，他给公司总经理寄去了一封短笺，结果很快他就被录用了。原来，打动该公司老总的不是他的学历，而是他那特别的求职条件——请求随便给他安排一份工作，无论多苦多累，他只拿做同样工作的其他员工4/5的薪水，但保证工作做得比别人出色。

进入公司后，他果然干得很出色，于是公司主动提出给他满薪。但他却始终坚持最初的承诺，比做同样工作的员工少拿1/5的薪水。

后来，因受所隶属的集团经营决策失误影响，公司要裁减部分员工，很多员工因此失业了。而他非但没有下岗，反而被提升为部门的经理。这时，他仍主动提出少拿 1/5 的薪水，但他工作依然兢兢业业，是公司业绩最突出的部门经理。

后来，公司准备给他升职，并明确表示不让他再少拿薪水，还允诺给他相当诱人的奖金。面对如此优厚的待遇，他没有受宠若惊，反而出人意料地提出了辞呈，转而加盟了各方面条件均很一般的另一家公司。

很快，他就凭着自己非凡的经营才干赢得了新加盟公司上下一致的信赖，被推选为公司总经理，当之无愧地拿到一份远远高于那家合资公司的报酬。

当有人追问他当年为何坚持少拿 1/5 的薪水时，他微笑道："其实我并没有少拿 1 分的薪水，我只不过是先付了一点儿学费而已。我今天的成功，很大程度上取决于在那家公司里学到的经验……"

高标必须以低调为基点，这好比弹簧，压得越低，则弹得越高。只有安于低调，乐于低调，在低调中蓄养势力，才能获取更大的发展。小李的经历也正好说明了这一点：他通过自降身价来获取经验，当他的"翅膀"足够强硬时，他便毫不迟疑地为自己谋求到了更高、更精彩的人生舞台。那么，每一位想要展翅高飞的人士是不是都应该这样呢？

第二章
低俯一生，尊荣一世

　　低调做人是一种境界、一种风度、一种去留无意的胸襟、一种宠辱不惊的胸怀。低调的人，总能于世态纷扰中坚持淡定从容的志趣，以平和达观的心态去面对风云莫测的人生。低调的人是人群中的圣者，他们以一种儒雅体面的气度，为自己的生命赢得了一份高贵的尊严。

1 低调做人是尊严立世的根本方式

低调做人即是不卑不亢做人

低调做人并不是卑躬屈膝做人，低调做人必须摆脱"低人一等"的感觉。低调与低人一等的本质区别就在于是否产生自卑心理、缺乏自信。低调的人虽不张不扬、不温不火，但内心却自信自尊，他们"上交不诌，下交不渎"，以一种儒雅的风范维护着自己的尊严。

如今已是某保险公司股东会成员之一的赵丽在回忆她的成功经历时说，她所卖出的数额最大的一张保单不是在她经验丰富后卖出的，也不是在觥筹交错中谈成的，而是在她第一次出门推销的时候。

晨光电子是某市最大的一家合资电子企业，赵丽对这样的企业有些敬畏，不太敢进去，毕竟那是她第一次推销。

犹豫很久之后，她还是进去了，整个楼层只有外方经理在。

"你找谁？"他的声音很冷漠。

"是这样的，我是保险公司的业务员，这是我的名片。"赵丽双手递上名片，心里有些发虚。

在学校和老外没少打交道，可眼前这老外是大老板，而且是个不太老的老板，感觉就有些两样。

"推销保险？今天已经是第3个了，谢谢你，或许我会考虑，但现在我很忙。"老外的发音直直的，像线一样，因此听不出任何感情色彩。

赵丽本来也不指望那天能卖出保险，所以毫不犹豫地说了声

"sorry"就离开了。

如果不是她走到楼梯拐角处下意识地回了一下头，或许她就这么走了，以后也不会有任何事情发生。

赵丽回了一下头，看见自己的名片被那个老外一撕就扔进了废纸篓里。赵丽感到非常气愤，于是她转身回去，用英语对那个老外说："先生，对不起，如果你不打算现在考虑买保险的话，请问我可不可以要回我的名片？"

老外的眼中闪过一丝惊奇，旋即平静了，耸耸肩问她："Why？"

"没有特别的原因，上面印有我的名字和职业，我想要回来。"

"对不起，小姐，你的名片让我不小心洒上墨水了，不适合还给你了。"

"如果真的洒上墨水，也请你还给我好吗？"赵丽看了一眼废纸篓。

片刻，他仿佛有了好主意："OK，这样吧。请问你们印一张名片的费用是多少？"

"5角，问这个干什么？"赵丽有些奇怪。

"OK，OK。"他拿出钱夹，在里面找了片刻，抽出一张1元的："小姐，真的很对不起，我没有5角零钱，这张是我赔偿你名片的，可以吗？"

赵丽想夺过那1块钱撕个稀烂，告诉他她不稀罕他的破钱，告诉他尽管她是做保险推销的，可也是有人格的。但是她忍住了。

她礼貌地接过1元钱，然后从包里抽出1张名片给了他："先生，很对不起，我也没有5角的零钱，这张名片算我找给您的钱，请您看清我的职业和我的名字。这不是一个适合进废纸篓的职业，也不是一个应该进废纸篓的名字。"

说完这些，赵丽头也不回地转身走了。

没想到，第二天赵丽就接到了那个外方经理的电话，约她去他公司。

赵丽几乎是趾高气扬地去了，打算再次和他理论一番。但是他告诉赵丽的却是他打算从她这里为全体职工购买保险。

赵丽不卑不亢的做法最终赢得了外方经理的尊重，也书写了大大的"人"字。她并没有看到别人有地位、有金钱就不自觉地矮人一截，甚至将侵犯人格的举动视而不见，而是让对方明白尊严的真正意义。因为自重，她赢得了尊重！

低调的人就是这样，他们能够正确认识、分析自我，正确认识自己的优势和劣势，不以自己的短处与人家的长处相比，更不以自己的劣势与人家的优势相论。他们能摆正自己的位置，摆脱"低人一等"的心理，发挥自己的所长，以平常之心对待，显出足够的自信，从而在处事过程中从容自如、游刃有余。

谋大者无形，音大者希声

低调做人既是一种姿态，也是一种风度、一种修养、一种品格、一种气魄。正所谓"谋大者无形，音大者希声"，真正的伟大往往弥漫于普通、谦逊之中，是无边无界、浩然无极的。

著名的记者、作家梁厚甫20多年来一直住在美国。这期间，他有过3次奇遇。

一次是他去见大通银行的总裁，总裁在开会，他就坐着等。不久，当地的工务局长来了，先到负责约会的银行女秘书面前说了几句话，显得急不可待。女秘书低声说了几句，那局长就走到梁厚甫的身边，说今天是他们发工资的日子，而政府的拨款没有到，他得赶快和银行总裁商量，因此请梁厚甫通融通融，让他先见总裁。梁厚甫同意了，对方十分感谢，后来两人还成了朋友。

梁因此有感：如果不是在美国而是在别的地方，那女秘书一定带了局长从另一道门去先见银行总裁了！

另一次是他从华盛顿市区坐公共汽车去机场。上车坐下后，又上来一人坐在他旁边，他觉得此人面善，想了想，想起此人是大通银行的董事长大卫·洛克菲勒。再看他的手提包，没错，上面有"G"、"R"2个字母。梁惊奇的是：像洛克菲勒这样的富豪是有专机的，但他们也有不搭专机，不要前呼后拥、轻车简从的时候啊，一点儿也没有架子！

　　还有一次是在纽约第 45 街的咖啡室吃汉堡包，来了一个老人坐在他旁边，他一眼就认出那是前美国驻苏联大使、现任哈里曼公司董事长的哈里曼，是美国 8 大家族的富豪之一，也是来吃汉堡包的。哈里曼还告诉梁厚甫，1 个星期当中他有 3 次来这个地方吃午餐。两人谈得很投机，后来又在那地方见了几次面。上小餐室，和素昧平生的人交朋友，这也使梁厚甫深深感到：哈里曼完全没有架子！

　　事实上，越是伟大的人物越谦逊，他们不会因为位高名显而飞扬跋扈。而他们越是谦逊，世人就越觉得他们伟大。

　　在林肯的故居里，挂着他的 2 张画像，一张有胡子，一张没有胡子。在画像旁边墙上贴着一张纸，上面歪歪扭扭地写着：

亲爱的先生：

　　我是一个 11 岁的小女孩，非常希望您能当选美国总统，因此请您不要见怪我给您这样一位伟人写这封信。

　　如果您有一个和我一样的女儿，就请您代我向她问好。要是您不能给我回信，就请她给我写吧。我有 4 个哥哥，他们中有 2 人已决定投您的票。如果您能把胡子留起来，我就能让另外 2 个哥哥也选您。您的脸太瘦了，如果留起胡子就会更好看。

　　所有女人都喜欢胡子，那时她们也会让她们的丈夫投您的票。这样，您一定会当选总统。

格雷西
1860 年 10 月 15 日

　　在收到小格雷西的信后，林肯立即回了一封信。

我亲爱的小妹妹：

　　收到你 15 日的来信，我非常高兴。但我也很难过，因为我没有女儿。我只有 3 个儿子，一个 17 岁，一个 9 岁，一个 7 岁。我的家庭就是由他们和他们的妈妈组成的。关于胡子，我从来没有留过。如果我从现在起留胡子，你认为人们会不会觉得有点儿可笑？

　　忠实地祝愿你。

亚伯拉罕·林肯

第二年2月，当选总统的林肯在前往白宫就职途中，特地在小女孩的小城韦斯特菲尔德车站停了下来。他对欢迎的人群说："这里有我的一个小朋友，我的胡子就是为她留的。如果她在这儿，我要和她谈谈。她叫格雷西。"这时，小格雷西跑到了林肯面前。林肯把她抱起来，亲吻了她的面颊。小格雷西高兴地抚摸他的又浓又密的胡子。林肯对她笑着说："你看，我让它为你长出来了。"

人们常说，看一个人是否伟大，看他对待小人物的态度就行了。真正伟大的人，总具有一个宽广的胸怀，他们从不会被外在的荣耀所左右，他们的处世方式，就像才女张爱玲所写的："谦卑到泥土里，然后再开出鲜艳的花朵……"

2 低调做人是广聚人气的王者风范

平易近人者人皆近之

生活中，我们常常见到一些人在面对地位和权势不如自己的人面前，摆出一副盛气凌人的架势，颐指气使，以为自己很有能耐、高高在上。其实这恰恰是一种浅薄、庸俗的表现。所以，一个人无论有多大的成就，都要懂得尊重别人。"平易近人者人皆近之"，对于有一定身份和地位的人来说，放下身段和大家平和相处，非但不失身份，反而更能引起大家的尊重。

瑞典前首相帕尔梅是十分受人尊敬的领导人。他当时虽贵为政府首相，但仍住在平民公寓里。他生活十分简朴，平易近人，与平民百姓毫无二致。帕尔梅的信条是："我是人民的一员。"除了正式出访或特别重要的国务活动外，帕尔梅去国内外参加会议、访问、视察和进行私人活动时，一向很少带随行人员和保卫人员，只是在参加重要国务活动时才乘坐防弹汽车，并有 2 名警察保护。有一次他去美国参加一个国际会议，人们发现他竟独自一人乘出租车去机场。

1984 年 3 月，他去维也纳参加奥地利社会党代表大会，也是独自前往的。当他走入会场的时候，还没有人注意到他。直到他在插有瑞典国旗的座位上坐下来，人们才发现他。对他的举动，与会者都啧啧称赞。

帕尔梅从家到首相府，每天都坚持步行。在这一刻钟左右的时间里，他不时同路上的行人打招呼，有时甚至与同路人闲聊几句。帕尔梅同他周围的人关系处得都很好。

在工作之余，他还经常帮助别人，毫无高贵者的派头。帕尔梅一家经常到法罗岛去度假，和那里的居民建立了密切的联系，那里的人都把他看作朋友。

他常常在闲暇时间独自骑车闲逛，铡草打水，劈柴生火，帮助房东干些杂活，以此来联系和接触群众，使彼此之间亲如家人。

帕尔梅喜欢独自微服私访，去商店、学校、厂矿等地，与店员、学生、工人进行平等融洽的交流，同时还虚心听取他们的意见。

他从没有首相的架子，谈吐文雅、态度诚恳，也从不搞前呼后拥的威严场面。这些都使他深受瑞典人民的爱戴。

帕尔梅平易近人，他同许多普通人通过信件建立了友谊。他在位时平均每年收到 1.5 万多封来信；其中 1/3 来自国外，为此他专门雇用了 4 名工作人员及时拆阅、处理和答复，做到来者皆阅、来者均复。对于助手起草的回信，他都要亲自过目，然后才签发。这一切都使他的形象在人民心目中日益高大。帕尔梅首相府的大门也永远向广大人民开放，永远是人民的服务处。

在瑞典人民的心目中，帕尔梅是首相，又是平民；是领导人，又是兄弟、朋友，他是人们心目中的偶像。

放下身段，绝不会使高贵者变得卑微，反倒更能增加人们对他的尊敬之情，同时也能够使周围的人们心悦诚服地以他为榜样，向他学习。这样的人把自己的生命之根深深扎在大众这块沃土之中，又怎能不流芳百世，令人敬重！

当年林肯总统的平易随和是有口皆碑的。尽管他位居总统之尊，却常常喜欢一个人独自走出办公室，到民众中去。平时他在白宫办公室的门总是开着，任何人想进来谈谈都受欢迎，他不管多忙都会接见来访者。

林肯总统不愿意在他和民众之间拉开距离，这使保卫工作颇不好做。他也常抱怨那些执行职责的保卫人员："让民众知道我需要与他们在一块儿，这一点是很重要的。"他先这样说，接着就开始躲避他的卫兵或命令他们回到陆军部去。他不愿意成为白宫办公室的囚徒。他保持着最高行政官不同寻常的灵活性。

林肯很少拒绝人，甚至对有的人还鼓励他们来访。1863 年，林肯写信给印第安纳州的一个公民："对来见我的人们我一般不拒绝见他们；如果你来的话，我也许会见你的。"

他曾说："告诉你，我把这种接见叫作我的'民意浴'——因为我很少有时间去读报纸，所以用这种方法搜集民意；虽然民众意见并不是时时处处令人愉快，但总的来说，其效果还是具有新意、令人鼓舞的。"

林肯说的"民意浴"缩短了他与下属和人民的距离，加深了彼此之间的感情，激发了人民参与国事的主动性和积极性，利民又利国。

位居高位的人常常为众人所仰视、所瞩目，他们的一言一行都会得到许多人的关注、议论和评判。如果此时能以低调的姿态俯就众人，以平易随和的态度对待众人，做到华而不显、贵而不炫，就一定会赢得众人的拥戴、人心的归附。

得人心者得人助

低调平易的人不仅能够使自己获得众人的尊敬，也能够由此而赢得他人的帮助和支持，从而使自己的生活和事业更加灿烂辉煌。

正因为如此，古今中外的领导者都能够自觉地将低调作为一种策略，灵活地贯彻到工作当中，降低自己的身架，和众人打成一片，从而收获人心，使自己在事业当中更加"如鱼得水"。

西汉时著名的"飞将军"李广从来都与士卒共进饮食。每逢遇到饮食缺乏，或到断炊缺粮时，发现可饮用的水，士兵中只要有一个人还没有喝到，身为全军统帅的他就不会靠前先喝上一口；有了食物，若不是每个士兵都吃到了，他是连尝都不会尝的。他对士兵宽厚和蔼、不苛刻，因此士兵都爱戴他，乐于听他指挥，勇于杀敌。

北宋名将兼文学家范仲淹，不仅留下了"先天下之忧而忧，后天下之乐而乐"的名句为后人所崇敬，而且也以深知兵略、治军有道为兵家所佩服。他从出任陕西四路宣抚使，到官至枢密使掌握全国军事大权，一直要求部将做到："士未饮而不敢言渴，士未食而不敢言饥。"他常常为将士的吃住穿等担忧，或感茶饭不香，或则睡卧不舒服。他每遇事都是想到部属的困境疾苦，并将朝廷赏给他个人的钱财物品全部分给手下的官兵。所以，他手下的将士每次出征作战都奋勇冲锋，为其效力舍命。他所指挥的部队一直是北宋的一支劲旅。由于他的带头垂范，在他手下成长起来的诸如狄青、种世衡这样许多有勇有谋的名将都能与士兵同饥共寒，身先士卒，廉洁奉公，起表率作用。

明朝"开国功臣第一"的徐达，既严于治军，又严于律己。徐达对自己要求非常严格，不贪色，不爱财，与士卒同甘苦。作战时，有时军粮供应不上，士卒挨饿，他也会不进饮食，不进营帐休息。发现士卒有伤残疾病，他必亲自去看望慰问，给药治疗。因此，将士们对他既尊敬又感激，都乐于听从他的命令，以一当百，奋勇杀敌。

这些史上的名将都能与士兵"同甘共苦"，所以屡战屡胜，为自己赢得了"生前身后名"。而不知与士卒同甘共苦的将帅则往往要打败仗。

战国名将赵奢注意团结部下，体察士兵的疾苦，把自己受赏的财物分给大家。他的儿子赵括则不然。赵括刚受命为将时，不但作威作福，到处摆臭架子，使部下都惧怕他，而且把赵王赏赐的财物全部拿回家收藏起来，或者购置田产。他的做法使他严重脱离了士兵，也涣散了军心，结果刚一出师他就身首异处了。

　　作为一个领导者，若能低调待人、礼贤下士，则能赢得下属与他人的尊敬和爱戴。反之，若摆出一副高高在上、盛气凌人的样子，别人就会对他心存忌惮、敬而远之。这样一来，于公于私都是很不利的。在现在的一些企业里，我们常可以看到老板和员工们一块儿吃盒饭，一块儿加班，业绩好了也不吝惜薪水。这些公司企业往往是上下一心，越做越强。而那些老板高高在上的公司企业，则经常会遭遇失败，这就是因为不懂得低调做人以增强团队凝聚力的结果。

求贤者，谦恭大度得良才

　　讲究情义是人性的一大弱点，中国人尤其如此。"生当陨首，死当结草"，"女为悦己者容，士为知己者死"，无一不是"感情效应"的结果。古今领导者大都深知其中的奥妙，不失时机地屈尊求贤。这对于拉拢和控制部下往往能起到异乎寻常的效果。

　　综观中国上下 5000 年历史，上下级之间的相处艺术不胜枚举，并形成了许多"潜规则"。上司屈尊降贵，下属甘心卖命就是其中很重要的一条。

　　刘备在起事时，立即为人心所向。他少年时结交的豪杰兄弟，都来归附他。中山的大商人张世平、苏双等早已准备好了钱财，供刘备招募士兵用。平原相刘平派刺客来暗杀刘备，而这刺客竟然向刘备告了密。曹操兴兵讨伐，刘备败走江陵时，荆州军民跟随他的多达 10 余万人。这些时候的刘备只不过是一位身无立锥之地的失败者而已，而所到之处竟能使这么多的人为之倾倒、为之顶礼膜拜，这完全是由于刘备"屈尊降贵"，深得民心。

　　刘备为得到诸葛亮，三顾茅庐而不馁。他第 3 次去的时候，关羽老大不高兴，张飞干脆说用一根麻绳把诸葛亮捆来算了。刘备呵斥他们说："汝二人岂不闻周文王谒姜子牙之事乎？文王且如此敬贤，汝何太无礼！" 3 人离茅庐还有半里之遥，刘备便下马步行。来到诸葛亮家里时，恰逢诸葛亮正高卧草堂。刘备不让通报，恭恭敬敬在阶前站立了半晌又一个时辰，直到诸葛亮醒来。而正是因为刘备求得了诸葛亮，之后他才成就了霸业。

三国之际，各国都在招揽贤才，而诸葛亮这样的第一流人才，为何魏吴两国得不到他，为何他心甘情愿为蜀国鞠躬尽瘁，死而后已呢？原因就在于刘备能够三顾茅庐、倾心相待，令诸葛亮感到自己备受器重，能够在此自由地施展才能，实现自己的人生抱负。

在现代商业社会中，人的才能虽然主要靠管理发挥出来，但是情感因素的作用也绝不能小视。领导者想获得人才时仍应"低三下四"，把人才放到重要位置。请看下面的例子。

美国著名的固特异汽车轮胎公司的经理肯特，有一次在一家酒馆饮酒，无意中碰了一位喝得酩酊大醉的青年人，惹恼了这位醉汉。结果对方借酒撒疯，对肯特大打出手。

事后，肯特从店主人那里了解到，这位青年发明了一种能增加轮胎强度的方法，而且申请到了专利。但他找了好几家生产汽车轮胎的厂商，请求他们购买他的专利时都碰了壁，而且被他们视为异想天开。所以，他感到怀才不遇，整日忧郁不乐，来这里借酒消愁。

肯特得知这些情况后，毫不介意这位青年对他的不恭，决定聘请他来自己公司做事。

一天早晨，他在工厂的门口等到了这位青年人。但青年人却心灰意冷，不愿向任何人谈起他的发明之事。他不理肯特，径自进工厂干活去了。但是，肯特却一直等在工厂的大门口。中午，工人下班了，却不见那位青年的踪影。有人告诉肯特，那青年人干的是计件工作，上下班没有一定的时间。这天，天气很冷，风也很大，但肯特一直不敢离去，只好忍饥受冻，因为他怕就在他离开的那一会儿，那位青年人下班走了。

就这样，肯特从早上8点一直等到下午6点。这时，那位青年人才走出厂门。由于被肯特深深感动，他爽快地答应了肯特与他合作的要求。原来吃午饭时，那位青年人出来看到肯特等在门口，便转身回去了。但后来，当知道肯特一天不吃不喝，在寒风中等了近 10 个小时之久时，他不禁动心了。肯特正是求得了这位青年人才后，才推出了新的汽车轮胎产品，并使"固特异"这一品牌成为全球汽车轮胎名牌的卓越代表。

人是一种高级的情感动物，人在求利益的同时也需要拥有他人的关心与尊重，而有才华、有能力的人尤其如此。因此当管理者真心想求才用才时，唯有先服其心，以诚相待，才能使之心甘情愿地发挥所长。

3 低调做人才能在顺逆境中安然进退

低调做人能缓解人际压力

在现实生活中存在着很多自视颇高的人，他们锐气旺盛，锋芒毕露，处事不留余地，待人咄咄逼人，有十分的才能与智慧就十二分地表现出来。他们往往有着充沛的精力、极高的热情，也有一定的才能，但这种人却往往在人生旅途上屡遭波折。

一位本科毕业刚分配到某矿务局工作的大学生，刚进单位就这也看不惯，那也看不顺。没到 1 个月，他就给单位领导呈上了洋洋万言的意见书，上至单位领导的工作作风与方法，下至单位职工的福利，都一一列出了现存的问题与弊端，提出了周详的改进意见。但效果却适得其反，他被单位的某些掌握实权的领导视为狂妄乃至精神病，所以单位领导不仅没有采纳他的意见，还借某些理由将他退回了学校，让他再作分配。2 年之内，他以同样的原因换了 4 个单位，而且是越来越不如意。这使得他牢骚更甚，意见更多，却又无可奈何。

这位大学生是锋芒毕露者的典型，这类人在为人处世方面少了一根弦，以致屡屡在新的人际关系圈子中不能处理好包括上下级关系在内的各种关系，加上在工作上又不注意讲究策略与方式，结果不仅没有将个人的才能最大限度地发挥，以服务于社会，还招来了多种诽谤影射、妒忌猜疑和排挤打击。随着时光的流逝，这种人最后并没有因锋芒毕露而走向成功，却在前进的路上屡受挫折，以至于被磨光了棱角，最后成为毫不起眼的"钝器"。

有一个叫刘干的青年，大学毕业后被分到一家研究所，从事标准化文献的分类编目工作。他认为自己是学这个专业的，肯定比原来那些同事懂得多。刚上班时，领导摆出一副"洗耳恭听"的虚心姿态，这让他受宠若惊。他决定无论如何都不辜负领导对他的殷殷期望。于是他冥思苦想，没有几天便发表了不少意见。对于这些改进工作的意见，领导点头称是，群众也不反驳，可结果呢？所里没有一点儿改变，他反倒成了一个处处惹人嫌的主儿。他空怀壮志，1 年中，领导竟没给他安排什么具体工作。后来，一位同情他的阿姨悄悄对他说："我当初也同你一样，你还是换个单位吧。在这儿你别想有出息，你把所有的人都得罪了。"于是，一段时间后，他自动调走了。走时，领导拍着他的肩头说："太可惜了！我真不想让你走，我还准备培养你当我的接班人哪！"这位青年至今玩味不透"太可惜"3 个字的意思是什么，想来肯定含有"不该锋芒毕露，乱提意见"的意思了。

所以，有些过失是不可弥补的。虽然人们常说"吃一堑，长一智"，"亡羊补牢未为晚也"，但羊都跑光了，再补不还是晚了点吗？

所以，做人还是低调点好，锋芒毕露的结果只能是把自己暴露在弹火纷飞的壕沟外，同时饱受"明枪暗箭"的攻击！

当然，如果没有了锋芒，就很难为自己奠定一个事业成功的基础。但是，如果总是锋芒毕露，而不懂得藏锋入鞘，那也是件很危险的事，甚至很可能将事业的基础毁于一旦。

锋芒可以刺伤别人，也会刺伤自己，所以运用起来应该小心翼翼。

所谓物极必反，过分外露自己的才华容易导致自己的失败。

因此，在适当的场合显才、露才固然必要，但要想做成大事，也要学会藏锋入鞘，不要总让自己锋芒毕露，为自己的事业成功增加难度。

如果锋芒毕露、急于求成，凡事都要争个"先手"，有时动不动还要来个"抢跑"，就会使自己在实力还不够时过早掀起或卷入竞争，从而成为众矢之的。具体来说，锋芒毕露有以下坏处。

其一，会在无形中将自己放在一个较高的起点和定位上。因为你处处显露自己的才干和见识，人们就会产生一种心理定式，认为你总能比别人强。一旦你有遗漏和失误，别人轻则说你还欠火候，重则落井下石，幸灾乐祸地说这是自高自大的最好报应。

其二，会过早地卷入升迁之争。升迁之争存在的一个普遍规律便是淘汰制，通过不断地淘汰来实现金字塔式的职位升迁。过早地进入这个程序，就意味着有可能过早地遭到淘汰。况且有时的淘汰有可能是一种机遇和运气，有时会是人际关系失衡后一种权宜的矫正，更甚或是一种不公平、不光彩的人为私欲的暗箱操作和利益交换。所以过早地卷入，可能会成为无辜的牺牲品。

其三，使人根基不稳，虽长势很旺，但却经不住风撼霜摧。中国有句谚语："好话不可说尽，力气不可用尽，才华不可露尽。"倘若你没有厚积薄发的底牌，却一股脑儿地将十八般武艺悉数亮将出来，便是应了那句话："强弩之末，势不能穿鲁缟。"肯定会被嗤之以鼻，逐出场外。

很多人都认为，刚工作时一定要突出自己的能力，只有这样才能坐稳自己的位置。因此，在工作时他们处处争强好胜，把自己的能耐全表现出来。但他们没有想到"欲速则不达"，处处锋芒毕露只能引起同事的反感。

低调做人者能进退自如

低调做人是一种圆融的处世智慧。低调的人，既可处顺，又可处逆，能够在复杂诡异的人际环境中进退自如。

元朝苏州城里有位范老翁，开了间典当铺。一年年关前夕，范老翁在里间盘账，忽然听见外面柜台处有激烈的争吵声，就赶忙走了出来。原来，是附近的一个穷邻居张老头正在与伙计争吵。

范老翁一向谨守"低调做人"、"和气生财"的信条，所以他先将伙计训斥一遍，然后再好言向张老头赔不是。可是张老头铁青的面孔不见一丝和缓的颜色，他靠在柜台上，一句话也不说。挨了骂的伙计悄声对老板诉苦："老爷，这个张老头蛮不讲理。他前些日子当了衣服，现在，他说过年要穿，一定要取回去，可是他又不还当衣服的钱。我刚一解释，他就破口大骂，这事不能怪我呀。"范老翁点点头，请张老头到桌边坐下，语气恳切地对他说："老人家，我知道你的来意，过年了，总想有身体面点儿的衣服穿。这是小事一桩，大家是低头不见抬头见的熟人，什么事都好商量，何必与伙计一般见识呢？你老就消消气吧。"

范老翁不等张老头开口辩解，便叫伙计从张老头典当的衣物中找出四五件冬衣来，然后对张老头说："这件棉袍是你冬天里不可缺少的衣服，这件罩袍你拜年时用得着，这3件棉衣孩子们也是要穿的。这些你先拿回去吧，其余的衣物不是急用的，可以先放在这里。"张老头似乎一点儿也不领情，拿起衣服，连个"谢"字也没有就急匆匆地走了。范老翁并不在意，仍然含笑拱手将张老头送出大门。

没想到，当天夜里张老头竟然死在另一位开店的街坊家中。张老头的亲属乘机控告那位街坊逼死了张老头，与他打了好几年官司。最后，那位街坊被拖得筋疲力尽，花了一大笔银子才将此事摆平。原来，张老头因为负债累累，家产典当一空后走投无路，就预先服了毒，来到范老翁的当铺吵闹寻事，想以死来敲诈钱财。没想到范老翁做人一向低调，张老头觉得坑这样的人死后要下地狱，所以只好赶快撤走，在毒性发作之前又选择了另外一家。

事后，有人问范老翁凭什么料到老头会有以死进行讹诈这一手，从而忍耐让步，躲过了一场灾祸。范老翁说："我并没有想到张老头会走到这条绝路上去。我只是根据常理推测，若是有人无理取闹，那他必然有所凭仗。在我当伙计的时候，我爹就常对我说，'天大的事，让一让也就过去了。'如果我们在小事情上不忍让，那么很可能就会变成大的灾祸。"

范老翁以忍让避开了大的灾祸。低调的人非但于顺境中能和气待人、与人结善，身处逆境之时当他们依然能够凭借自身的良好修养化解人际风波，赢得安宁。"天有不测风云，人有旦夕祸福"，人们往往不能对未来的事情有所预见，因此为人处世要保持低调。这样才能防患于未然，在风云变幻的人生里避开一处处不为人知的"暗礁"，从而化险为夷，一帆风顺。

第三章
直木遭伐，井干水枯

　　木秀于林，风必摧之；堆出于岸，流必湍之；行高于人，众必非之。人获得了一定的权势、地位、声誉，往往会因此遭受更多的猜忌、打击和迫害。故而，人在风光尽显之时，若能居安思危，以低调的"厚甲"保护自己，则不失为化险为夷的良策。

1 低调做人是安身立命的天然屏障

显眼的花草易招摧折

有句话说得好："出头的椽子先烂。"这确实是客观世界中不争的事实。出头椽子总是比不出头的椽子要承受更多的风吹雨打，日复一日，年复一年，自然也比别的椽子要腐烂得早。因此，人在风光尽显之时，若能够居安思危，用低调的盾甲保护自己，实在不失为明哲保身的一大秘诀。反之，若不懂得这样做，那后果只能是将自己置于凶险的境地。

战国时期，楚怀王宠妃郑袖才貌双绝，工于心计。当时，魏王从自己的利益出发，赠给楚怀王一个大美人，人称魏美人。魏美人娇嫩柔美，眉目传情，真乃绝顶佳丽，把个好色的楚怀王搞得神魂颠倒，白日寻欢，夜晚作乐。

对此，智深谋远的郑袖看在眼里，恨在心上。她稍加思索，一计即上心头。于是乎，她便拿出女人温和、柔顺的性情，既不同魏美人争风吃醋，也不显示一点儿不满的情绪，而是像个通情达理的大姐姐，非常和善地对待魏美人，事事顺着魏美人的性子，还在楚怀王面前赞美魏美人的美丽。

魏美人初到楚国时还有些害怕郑袖，但是看到她一贯待自己很好，便没了戒备之心。一日，魏美人亲昵地告诉郑袖："姐姐，在异国他乡遇到您这样的好人，真是幸运哪！"、"快别这么说！"郑袖安慰魏美人道："咱们是同事一夫，本是骨肉相连的一家人，姐姐不疼爱妹妹，谁来疼爱呢？常言道：家和万事兴。我们姐妹和睦相处，才是国君的幸事，而且，妹妹能给夫君快乐，我也快乐！"

魏美人闻此言，感动得热泪盈眶，说："姐姐，以后请多多指教小妹怎样使夫君快乐！"

"好说好说，今后我们姐妹和睦相处，互通一气，就不会出什么差池。"郑袖和颜悦色地回答魏美人的话。

楚怀王见这对如花似玉的宠妃和睦相处，无限欢欣地慨叹道："世人都说女人善妒，看来也不尽然。我的郑袖就不这样，她是真心爱我，她知道我喜欢魏美人，就主动替我照顾她、关心她，使她不思念故国，实在是贤内助啊！"

郑袖见自己的计谋已起作用，暗自高兴。一天魏美人来看郑袖，郑袖似无意地告诉魏美人："大王在我这儿说你非常称他的心，只是嫌你的鼻子略尖了点儿！""那可怎么办呢？姐姐！"魏美人摸摸鼻子，求秘方似的。

"这也没什么，"郑袖若无其事地说，"你以后再见到大王时，轻轻地把鼻子捂一下不就行了吗？"魏美人连称郑袖高明。

此后，魏美人每次见到楚怀王就把鼻子捂起来。楚王暗自惊奇，魏美人逢问必笑而不语。楚王便问郑袖，郑袖有意把话说个半截儿，含嗔带笑，欲言又止。楚王一直追问，郑袖便装着不情愿的样子，说道："她说她受不了你身上的那种狐臭味！"

"什么！寡人乃一国之尊，她竟敢嫌弃寡人？真乃无理！"草菅人命、喜怒无常的楚怀王大怒，一掌击在几案上，喊道："来人！快去把那贱货的鼻子割下来！"于是，魏美人的鼻子被割掉了，她变得既丑陋又吓人，永远被打入了冷宫。郑袖用计除去了她的情场对手，恢复了她在王宫独自受宠的地位。

正所谓"显眼的花草易招摧折"，自古才子遭嫉、美人招妒的事难道还少吗？所以，无论你有怎样傲人的资本，你都没有炫耀显露的必要。要知道，人性往往有阴暗的一面，一旦你大意了，张扬了，或许你本身并没有夸耀逞强的意思，但别人早已看你不顺眼。如若这时你还不能及时醒悟，赶紧用低调的策略保护自己，你就是在将自己置身于吉凶未卜的旋涡急流当中。到时，即使你想抽身也难了。

西汉有个人叫杨恽，他重仁义轻财物，为官廉洁奉法，大公无私。可正当他官运亨通、春风得意的时候，有人嫉妒他位高名显，在皇帝面前告了他一状，大概是说他对皇帝陛下心怀不满，表现得那么出色是为了笼络人心、图谋不轨。

皇帝当然不喜欢贪官，但更厌恶有人和他唱对台戏，尤其忌讳图谋篡位。经人这么一告发，皇帝也不调查，立马把杨恽贬为了平民。

杨恽原先做官时，添置家产多有不便。现在下野了，添置一些家当再与廉政无关，谁也抓不到什么把柄。于是他便以置办财产为乐，在每天忙忙碌碌的劳动中得到快慰。

他的好朋友孙会宗听说这件事，感到可能会闹出大事来，就写了一封信给杨恽，信里说："大臣被免掉了，应该关起门来表示'心怀惶恐'，装出可怜的样子，免得人家怀疑。你不应该置办家产，搞公共关系，这样容易引起人们的非议。让皇帝知道了，更是不会轻易放过你的。"

杨恽很不服气，回信给老朋友说："我自己认为确实有很大的过错，德行也有很大的污点，理应一辈子做农夫。农夫很辛苦，没有什么快乐，但在逢年过节杀牛宰羊，喝喝酒，唱唱歌，以慰劳自己，总不会犯法吧！"

虽然说"身正不怕影子歪"，可世道险恶，人心叵测，人生在世又怎能掉以轻心！于是又有人把他视为眼中钉、肉中刺，向皇帝告发，说他被免官后不思悔改，生活腐化。而且，最近出现的一次不吉利的日食，也是由他造成的。就这样，皇帝命令迅速将杨恽缉拿归案，以大逆不道的罪名将他腰斩，还把他的妻儿流放到了酒泉。

杨恽被免官之后，本来应该学乖点儿，接受友人的劝告，采取低调的策略，装出一副堪于忍受损害与侮辱、逆来顺受的可怜样子，这样说不定皇帝和敌人还会放过他。可杨恽没有接受教训，并且还要置办家产、广交朋友、风风光光的，这不是"树大招风"、自植祸害吗？

人一旦出头了，发达了，除了自己容易得意忘形之外，同时也容易成为众人注目的焦点，被人品评，被人臧否。因此，越是春风得意之时，就越要经常反躬自省，越要讲究不显不露、低调做人。唯此，才能更有效地保护自己。

爬得越高则可能跌得越重

鱼不可脱于水，龙不可脱于渊，人不可脱于权。

一个久握重权、身居高位的人，一旦失去权柄，就会惨不可言，即使想成为平民百姓、过贫苦下贱的生活都不可能。其实权力和富贵都是双刃剑，控制得宜便身享荣华，太阿倒持则大祸立至，先前所拥有和享受的，也正是转头来毁掉自己的。

南宋的韩侂胄在南海县任县令时，曾聘用了一个贤明的书生。韩侂胄对他十分信任。韩侂胄升迁后，两人就断了联系。

一天，那位书生忽然来到韩府，求见韩侂胄。韩侂胄见到他十分高兴，要他留下做幕僚，给他丰厚的待遇。这位书生虽无意仕途，但无奈韩侂胄执意不放他走，所以他只好答应留下一段时日。

韩侂胄视这位书生为心腹，与他几乎无话不谈。不久，书生就提出要走，韩侂胄见他去意甚坚，无法挽留，便答应了，并设宴为他饯行。两人一边喝酒，一边回忆在南海共事的情景，相谈甚欢。到了半夜，韩侂胄屏退左右，把座位移到这位书生的面前，问他："我现在掌握国政，谋求国家中兴，外面的舆论怎么说？"

这位书生长叹一声，端起一杯酒一饮而尽，然后叹息着说："平章（指地方高级长官，旧称）家族如今深患灭顶之灾，我还有什么好说的呢？"

韩侂胄问："何以见得呢？"

这位书生用疑惑的眼光看了韩侂胄一下，摇了摇头，似乎为韩侂胄至今毫无察觉感到奇怪："危险昭然若揭，平章为何视而不见？册立皇后，您袖手旁观，皇后肯定对您怀恨在心；确立皇太子，您也并未出力，皇太子怎能不仇恨您；朱熹、彭龟年、赵汝愚等一批理学家被时人称做贤人君子，而您欲把他们撤职流放，士大夫们肯定对您深恶痛绝；您积极主张北伐，倒没有不妥之处，但战争中我军伤亡颇重，三军将士的白骨遗弃在各个战场上，全国到处都能听到阵亡将士亲人的哀哭声，这样一来军中将士难免要怨恨您；北伐的准备使内地老百姓承受了沉重的军费负担，贫苦人几乎无法生存，所以普天下的老百姓也会归罪于您。试问，您以一己之身怎能担当起这么多的怨气仇恨呢？"

韩侂胄听了大惊失色，汗如雨下，惶恐了许久才问："你我名为上下级，实际上我待你亲如手足，你能见死不救吗？你一定要教我一个自救的办法！"

这位书生再三推辞，韩侂胄哪里肯依，固执地追问不已。这位书生最后才说："办法倒是有一个，但我恐怕说了也是白说。"

书生诚恳地说："我亦衷心希望平章您这次能采纳我的建议！当今的皇上倒还洒脱，并不十分贪恋君位。如果您迅速为皇太子设立东宫建制，然后以昔日尧、舜、禹禅让的故事劝说皇上及早把大位传给皇太子，那么，皇太子就会由仇视您转变为感激您了。太子一旦即位，皇后就被尊为皇太后。那时，即使她还怨恨您，也无力再报复您了。然后，您就可以趁着辅佐新君的机会刷新司政。您要追封在流放中死去的贤人君子，抚恤他们的家属，并把活着的人召回朝中，加以重用。这样，您和士大夫们就重归于好了。你还要安定边疆，不要轻举妄动，并重重犒赏全军将士，厚恤死者，这样就能消除与军队间的隔阂。您还要削减政府开支，减轻赋税，尤其要罢除以军费为名加在百姓头上的各种苛捐杂税，使老百姓尝到起死回生的快乐。这样，老百姓就会称颂您。最后，你再选择一位当代的大儒，把职位交给他，自己告老还家。您若做到这些，或许可以转危为安、变祸为福。"

但可惜，韩侂胄一来贪恋权位，不肯让贤退位；二来他北伐中原、统一天下的雄心尚未消失；三来他怀抱侥幸心理，认为自己绝对不会如此背运。所以，他明知自己处境危险，却仍不肯急流勇退。他只是把这个书生强行留在自己身边，以便及时应变。这位书生见韩侂胄不可救药，为免受池鱼之殃，没多久就离去了。

后来，韩侂胄发动的"开禧北伐"遭到惨败。南宋被迫向北方的金国求和，金国则把追究首谋北伐的"罪责"作为议和的条件之一。开禧三年，在朝野中极为孤立的韩侂胄被南宋政权杀害，他的首级被装在匣子里送到了金国。那位书生的话应验了。

权势到手，确实令人身价百倍，也实在可以令人荣华富贵，风光无限。但是稍有不慎，大难临头，权力旁落，后果也就自然连普通百姓都不如。他们由于权力达到了极点，从而给自己和家人带来了极大的灾祸。

因此，"盛时当作衰时想，上场当念下场时"，在志得意满时，一定要能够安于低调。用低调屏障保护自己，这样才能避免灾难性的后果。

2 低调做人是化解人际风波的最佳策略

逞强好胜之人四处树敌

人生在世，谁都希望自己能够于人流之中脱颖而出、与众不同。当然，人有这种想法是无可厚非的，如果能将出人头地的欲望用于正途，它确实能产生强大的动力，推动人不断地超越自己。然而，若是出头之心太盛，最后演变成逞强好胜的恶习，那么人际风波将可能层出迭起。因此，低调做人，平和处世便成了化解人际风波的最佳策略。若不如此，得到的恐怕是恰恰相反的结果。

有一天，吴王登上了猴山。在吴王的身边随从着一批士兵，他们手拿弓箭保护着吴王，同时还要帮助吴王捕捉野物。

走着走着，他们来到一个风景优美的地方。不远处，一群猴子在自由地嬉戏着。这群猴子看见吴王和一大群人来了，非常惊惧，慌忙四散，逃进了荆棘的深处。

这时，吴王看到有一只猴子没有跑。它在一棵大树上从从容容地翻腾挪越，异常迅捷灵巧。

它在向吴王尽情展示它的本领。只见它忽而腾身跃起，双臂抓住高处的树干，在那里用长长的双臂荡几圈；忽而又飞身飘向一旁，用双脚钩住一个树干，晃来晃去。

猴子这一番表演，确实十分精彩，令人眼花缭乱、目不暇接。

过了许久，吴王看出了猴子的意思。它在向他们挑衅，似乎在说，你们人类有什么了不起？猴子我攀爬滚打，样样要得有模有样，你们又算老几呀？

于是吴王对手下人说：

"看到了吗？这只猴子没将我们放在眼里。现在我要同它比试一番，取我的弓箭来。"

吴王箭上弦，对准了猴子一箭射去。

不料，这猴子竟然敏捷地一把将射来的箭抓住。猴子手抓着箭，上下乱舞，眼盯着吴王等人，嘴里发出"吱吱"的嘲笑声音，露出不屑一顾的讥讽神态。

吴王大怒，命令左右随从一起拉弓射箭，顿时雨点般的箭射向了那只猴子。

密密麻麻的利箭将它重重裹住，它无处可逃，只得紧紧地抱住大树。最后，它的身体扎满了利箭，像个刺猬一般。

猴子就这样死去了。

这只猴子如果不是想在人面前充分表现自己的才能，或者说如果它在人面前谦卑一点，它就不会遭受乱箭穿身的厄运。在日常生活中，一个人过于夸耀自己的才华，一般都不会有好的结果。锋芒太露，不仅容易伤人，而且容易引起他人的嫉妒。所以，在立身处世之时，还是低调一些为好。

郑庄公准备伐许。战前，他先在国都组织比赛，挑选先行官。众将一听加官晋爵的机会来了，都跃跃欲试，准备一显身手。

第1项是击剑格斗。众将都使出浑身解数，只见短剑飞舞，盾牌晃动，场面壮观不已。经过轮番比试，6个人被选了出来，参加下一轮比赛。

第2项是比箭，取胜的6名将领各射3箭，以射中靶心者为胜。第5位上来射箭的是公孙子都。他武艺高强，年轻气盛，向来不把别人放在眼里。只见他搭弓上箭，3箭连中靶心。然后，他像一只斗胜的公鸡一般昂着头，轻蔑地瞟了最后那位射手一眼，退下去了。

最后那位射手是个老人，胡子有点花白，他叫颍考叔，曾劝庄公与母亲和解，郑庄公很看重他。颍考叔上前，不慌不忙，"嗖嗖嗖"3箭射击，也连中靶心，与公孙子都射了个平手，驳得众人一片喝彩。

这一局只剩下2个人了，庄公派人拉出一辆战车来，说："你们2人站在百步开外，同时来抢这部战车。谁抢到手，谁就是先行官。"公孙子都轻蔑地看了一眼自己的对手，拼命地向前奔跑而去。哪知跑了一半时，公孙子都却脚下一滑，跌了个跟头。等爬起来时，颍考叔已抢车在手。公孙子都哪里服气，提了长剑就来夺车。庄公忙派人阻止，宣布颍考叔为先行官。公孙子都为此怀恨在心。

此后，在进攻许国都城时，颍考叔果然不负众望，手举大旗率先从云梯上冲上了许都城头。眼见颍考叔大功告成，公孙子都嫉妒得心里发疼，竟抽箭搭弓向城头上的颍考叔射去，一下子把颍考叔射了个"透心凉"，从城头栽了下来。另一位大将瑕叔盈以为颍考叔被许兵射中阵亡了，忙拿起战旗，又指挥士卒冲城，最后终于拿下了许都。处世锋芒太露的颍考叔最终落了个被人陷害的下场。

所谓"花要半开，酒要半醉"，是说鲜花怒放的时候，不是立即被人采摘而去，就是即将凋落枝头。因此，为人处世一定要把握一个度，无论你有多么傲人的资本，多么出众的才智，你都不要把自己看得太了不起，不要认为自己是救国济民、一呼百应的圣贤君子，别人缺了你就不行，更不要到处争强好胜，非把人逼到"无脸见人"的边缘才善罢甘休。而是应收敛你的锋芒，平和你的心态，平平淡淡地处世，这样你才能在人生路上一路走好。

卖弄张扬的人惹是生非

现实中每每有这样一群人，他们稍有一点儿成绩就自觉"天下第一"，因此心高气傲，到处张扬，并以贬损他人为乐事，处处一副评头论足、好为人师的架势。究其原因，主要是他们看不到或不明白人的"知"与"不知"的相对性，有一点儿聪明、一点儿成就就趾高气扬，觉得自己无所不知、无所不能。其实，世界之大，天外有天，你又怎能知尽呢？过于卖弄聪明，锋芒毕露，觉得自己全知全能，肯定要碰钉子。

据记载，杨修是曹操门下掌库的主簿，此人生得单眉细眼，貌白神清，博学能言，智识过人。但他自恃其才，竟小觑天下之士，不但不知道收敛自己那点儿小聪明，而且一而再，再而三地表露、卖弄。有一次，曹操令人建一座花园，快竣工了，监造花园的官员请曹操来验收察看。曹操参观花园之后，是好是坏、是褒是贬一句话也没有说，只是拿起笔来，在花园大门上写了一个"活"字便扬长而去。一见这情形，大家犹如丈二和尚摸不着头脑，怎么也猜不透曹操的意思。杨修却笑着说道："门内添'活'字，是个'阔'字，丞相是嫌园门丰阔了。"大家见杨修说得有道理，立即返工重建墙围。改造停当后，又请曹操来观看。曹操一见重建后的园门，不禁大喜，问道："谁知道了我的意思？"左右答道："是杨修主簿。"曹操表面上称赞了杨修的聪明，其实内心已开始嫉妒杨修了。又有一回，塞北送来一盒酥孝敬曹操。曹操没有吃，只是在礼盒上亲笔写了三个字"一合酥"，放在案头上便径直出去了。屋里其他人有的没有理会这件事，有的不明白曹操的意思，不敢妄拿妄动。这时正好杨修进来看见了，便堂而皇之地走向案头，打开礼盒，把酥饼一人一口地分着吃了。曹操进来见大家正在吃他案头的酥饼，脸色一变，问："为何吃掉了酥饼？"杨修上前答道："我们是按丞相的吩咐吃的。"、"此话怎讲？"曹操反问道。杨修从容地应道："丞相在酥盒上写着'一人一口酥'，分明是赏给大家吃的，难道我们敢违背丞相的命令吗？"曹操见又是这个杨修识破了他的心意，表面上乐哈哈地说"讲得好，吃得好，吃得对"，其实内心已对杨修徒生厌恶之情了。可杨修还以为曹操真的欣赏他，所以不但没有丝毫的收敛，反而把心智用在捉摸曹操的言行上，并不分场合地耍弄自己的小聪明，从而也不断地给自己埋下了祸根。

　　曹操为人奸狡，且疑心很重，总害怕别人暗中谋害自己，故曾经吩咐左右："我在梦中好杀人。只要我睡着了，你们千万不要走近我。"一次，曹操白天在军帐中小憩，不慎将被子蹬到地上了，一个值勤的侍卫赶紧过来捡起被子给曹操盖上。不想此时曹操从床上一跃而起，拔出宝剑一挥，剑落处，近侍的人头已搬了家，而曹操又上床睡觉了。在场的人谁也不敢言语。过了半晌，曹操醒来，见一近侍躺在血泊中，装着大惊失色的样子，问："什么人杀了我的近侍？"大家以实情相告，曹操悔恨梦中杀人，痛哭流涕，并命人厚葬了这位侍卫。大家也都以为曹操果真是梦中误杀，今见侍卫获厚葬之荣，不但不责怪曹操，还称赞曹操体恤下属的精神。杨修不这样认为，在为那位近侍举行葬礼时，他指着近侍的棺材说："不是丞相在梦中，而是你在梦中啊！"杨修是个智商很高的人，但他却不懂得低调，正是由于他心气太高，太爱表现自己，终究为自己的一生编写了悲剧性的结局。身处政治的涡流中，钩心斗角、尔虞我诈的事本已是人所共知，他本该睁一只眼，闭一只眼，糊涂为官才是。可他不这样，凡事必要究根问底，又好四处张扬卖弄，却不知在炫耀自己的同时，他也是在为自己断绝后路。当他把曹操的真实心机向人宣传时，曹操对他已不再是单纯的厌恶了，而是想寻机除掉他了。

　　杨修最后一次聪明的表露是在曹操自封为魏王之后，自引兵与蜀军作战，战事失利，进退不能之时。数次进攻蜀军总不能奏效，长期拖下去不仅耗费钱粮且会疲惫士气，而真的撤兵无功而归又会遭人耻笑。所以是进是退，当时曹操心中犹豫不决。此时厨子呈进鸡汤，曹操看见碗中有鸡肋，有感于怀，觉得眼下的战事正有如碗中之鸡肋，"食之无味，弃之可惜"。他正沉吟间，夏侯惇入帐禀请夜间号令，曹操随口说："鸡肋！鸡肋！"夏侯惇传令众官，都称"鸡肋"。杨修见传"鸡肋"二字，便教随行军士各自收拾行装，准备归程。有人将此事报知夏侯惇，夏侯惇大惊失色，立即请杨修到帐中问他："您为什么叫人收拾行装？"杨修说："从今夜的号令便知道魏王很快就要退兵回去了。""你怎么知道？"夏侯惇又问。杨修笑道："鸡肋者，吃着没有肉，丢了又觉得可惜。魏王的意思是现在进不能胜，退又害怕遭人耻笑，在此没有好处，不如早归。明天魏王一定会下令班师回转的，所以先收拾行装免得临行慌乱。"夏侯惇说："您可算是魏王肚里的蛔虫，知道魏王的心思啊！"他不但没有责怪杨修，反而也命令军士收拾行装。于是寨中各位将领无不准备归计。当夜曹操心乱，不能入睡，就手按宝剑绕着军寨独自行走。见夏侯惇寨内军士各自准备行装，曹操大惊：我没有下达撤军命令，谁竟敢如此大胆，作撤军的准备？他急忙帐召夏侯惇。夏侯惇说："主簿杨修已经知道大王想归回的意思。"曹操叫来杨修问他怎么知道，杨修就以鸡肋的含意对答。曹操一听大怒，说："你怎敢造言乱我军心！"不由分说，命刀斧手将杨修推出去斩了，并把首级悬在辕门外。曹操终于寻得机会，除掉了杨修。杨修也终于结束了他"聪明"的一生。

杨修也确实够聪明的，聪明得能看透别人看不透的很多东西，能猜透别人猜不透的许多东西。然而，他又太愚蠢了，愚蠢得都不知道如何保护自己。终于，他的表面的聪明使他愚蠢地走上了绝路。他到死都不明白，正是他过分外露的聪明使他成了刀下鬼。他的小聪明使他招人喜欢，招人赞赏，但他不该太滥用自己的聪明。而最糟糕的是，他又特别自恃聪明，动不动就表现出来，这样终究是会被人嫉妒的。在明争暗斗的官场，这样做注定了他成不了大气候，注定会被人扔弃在权力的道路旁，成为荒野孤魂。

第四章
水满则溢，月盈则亏

一个容器若装满了水，稍一晃动，水便溢了出来。一个人，若心里盛满了骄矜，便再也容纳不了新的知识、新的经验及别人的忠告。长此以往，事业或者止步不前，或者猝然受挫。故古人云："满招损，谦受益。"只有持盈若亏，你才能不断进步。

1 骄傲自满是搬起石头砸自己的脚

水满则溢，过犹不及

有一次，孔子的弟子子贡在跟孔子谈论师兄弟们的性格及优劣时，忽然向孔子提了个问题："先生，子张与子夏两人哪一个更好些呢？"

子张姓颛孙名师，子夏姓卜名商，两人都是孔子的得意弟子。

孔子想了一会儿，说："子张过头了，子夏没有达到标准。"

子贡接着说："是不是子张要好些呢？"

孔子说："过头了就像没有达到标准一样，都是没有掌握好分寸的表现。"这就是"过犹不及"的出处。

有一回，孔子带领弟子们在鲁桓公的庙堂里参观，看到一个特别容易倾斜翻倒的器物。孔子围着它转了好几圈，左看看，右看看，还用手摸摸、转动转动，却始终拿不准它究竟是干什么用的。于是，他问守庙的人："这是什么器物？"

守庙的人回答说："这大概是放在座位右边的器物。"

孔子恍然大悟，说："我听说过这种器物。它什么也不装时就倾斜，装物适中就端端正正的，装满了就翻倒。君王把它当作自己最好的警戒物，所以总放在座位旁边。"

孔子忙回头对弟子说："把水倒进去，试验一下。"

子路忙去取了水，慢慢地往里倒。刚倒一点儿水，它还是倾斜的；倒了适量的水，它就正立；装满水，松开手后，它又翻了，多余的水都洒了出来。孔子慨叹说："哎呀！我明白了，哪有装满了却不倒的东西呢！"

子路走上前去，说："请问先生，有保持满而不倒的办法吗？"

孔子不慌不忙地说："聪明睿智，用愚笨来调节；功盖天下，用退让来调节；威猛无比，用怯弱来调节；富甲四海，用谦恭来调节。这就是损抑过分、达到适中状态的方法。"

子路听得连连点头，接着又刨根究底地问道："古时候的帝王除了在座位旁边放置这种鼓器警示自己外，还采取什么措施来防止自己的行为过火呢？"

孔子侃侃而谈："上天生了老百姓又定下他们的国君，让他治理老百姓，不让他们失去天性。有了国君又为他设置辅佐，让辅佐的人教导、保护他，不让他做事过分。因此，天子有公，诸侯有卿，卿设置侧室之官，大夫有副手，士人有朋友，平民、工、商，乃至干杂役的皂隶、放牛马的牧童，都有亲近的人来相互辅佐。有功劳就奖赏，有错误就纠正，有患难就救援，有过失就更改。自天子以下，人各有父兄子弟来观察、补救他的得失。太史记载史册，乐师写作诗歌，乐工诵读箴谏，大夫规劝开导，士传话，平民提建议，商人在市场上议论，各种工匠呈献技艺。各种身份的人用不同的方式进行劝谏，从而使国君不至于骑在老百姓头上任意妄为，放纵他的邪恶。"

子路仍然穷追不舍地问："先生，您能不能举出个具体的君主来？"

孔子回答道："好啊，卫武公就是个典型人物。他95岁时，还下令全国说：'从卿以下的各级官吏，只要是拿着国家的俸禄、正在官位上的，不要认为我昏庸老朽就丢开我不管，一定要不断地训诫、开导我。我乘车时，护卫在旁边的警卫人员应规劝我；我在朝堂上时，应让我看前代的典章制度；我伏案工作时，应设置座右铭来提醒我；我在寝宫休息时，左右侍从人员应告诫我；我处理政务时，应有瞽、史之类的人开导我；我闲居无事时，应让我听听百工的讽谏。'他时常用这些话来警策自己，使自己的言行不至于走极端。"

从孔子的话中我们可以悟出这样一个道理：水满了就会溢出来；

事情做过头了，就和没有做够一样。因此，一个人无论做什么事，都要持盈若亏，要注意调节自己，使自己的一言一行能够恰到好处，既不要过分，也不要达不到标准。

狂躁者徒有大志

骄傲自满乃为人处世之大忌，上至王公贵族，下至黎民百姓，存一分骄傲之心者，必招来无妄之灾。

《王阳明全集》中有这样的话："今人病痛，大抵只是傲。千罪百恶，皆从傲上来。傲则自高自是，不肯屈下人。故为子而傲必不能孝，为弟而傲必不能悌，为臣而傲必不能忠。"

一个人处世若不能看到别人的长处，盲目轻视别人，势必导致狂妄自大、迂腐褊狭，而这些正是失败、死亡到来的前兆。对此古人有十分清醒的认识，《劝忍百箴》就曾这样写道："金玉满堂，莫之能守。富贵而骄，自谴其咎。诸侯骄人则失其国，大夫骄人则失其家。魏侯受田子方之教，不敢以富贵而自备。盖恶终之衅，兆于骄夸；死亡之期，定与骄奢。先哲之言，如不听何！昔贾思伯倾身礼士，客怪其谦。答以四字，骄至便衰。斯言有味，噫，可不忍欤！"

此言对于如今生活在浮躁、骄矜之气盛行的社会中的现代人来说，尤为有用。

下面，让我们来看看因骄傲轻敌而遗恨千古的故事吧。

赤壁之战后，刘备占领了荆州，又夺取了巴蜀，形成了魏、蜀、吴三足鼎立的局面。当时关羽留守荆州，时时有吞并东吴的野心，又自恃武艺高强、兵强马壮，连连向北边的曹操发动进攻。这完全破坏了刘备当年东联东吴、北拒曹操的战略。于是，吕蒙便上书孙权："我们应该先夺荆州地盘，再派征虏将军孙皎守卫南郡，潘璋守住白帝城，蒋钦率领游兵万人，巡行长江中下游，哪里有敌人就在哪里对付。我再带兵北上占据襄阳，那时就完全控制了长江，声势就更大了，还怕他曹操和关羽吗？"

孙权说："关羽把守荆州，士气很盛，为什么不攻打曹操把守的徐州呢？"

吕蒙说："现在曹操在河北与袁熙、袁尚等人作战，无暇东顾。徐州境内的守兵不足挂齿，一去就可以攻克。但是那里的地形是个四通八达的平原，易攻难守。你今天取得徐州，却要用七八万人马守卫它。何苦呢？还不如乘机夺取关羽的地盘。"

孙权接受了他的建议。然而，关羽知道吕蒙很会用兵，他怕荆州有什么差错，所以早有所防范，把荆州布置得严严实实。

吕蒙见关羽防守严密，为了麻痹关羽，解除他的后顾之忧，便上书孙权说："关羽兵伐樊城，留下重兵把守要塞，是害怕我夺他的后方地盘。我想以生病为由，分一部分士兵回建业。关羽只害怕我，听说我走了，一定会撤出防守的兵力，全力增援作战部队。这样我们就可以乘他们毫无准备时突然进袭，那么南郡就可以攻下，关羽也可擒来。"

孙权问他："那谁代替你呢？"

吕蒙说："陆逊才智广博，有学有识，他可以承担这个重任。而且他并不出名，关羽一定不会把他放在眼里。一旦关羽放松警惕，我们就有机可乘了。"

于是孙权便让吕蒙回来治病，派陆逊去接替他的职务。

过了几天，陆逊又派人拜见关羽，送去了书信和礼物。信中对关羽大表倾慕之情，并表示自己年轻无能，不能对关羽有所效力，只能祝愿他在此紧要关头能够加强防备，以防不测。关羽根本不把陆逊放在眼里，听说吕蒙回去治病了，他便无所忌惮地把原来防备东吴的军队都调到了樊城。后来，关羽由于接收了于禁的投降士兵几万人，粮草供应不上，就把东吴湘关的粮仓给强占了。孙权得知粮米被抢，就派吕蒙为都督，率兵向荆州进发，袭击关羽的后方。吕蒙到了接近荆州之地，把所有的战船都改装成商船，把精兵埋伏于船中，招募一些百姓摇橹，令将士化装成商人，昼夜兼程前进，把关羽设在江边守望的官兵一个个抓了起来，在一点儿风声没有透露的情况下到了南郡。

守卫公安的将军傅士仁、守卫江陵的南郡太守糜芳在兵临城下之时，先后投降了吕蒙。因为他俩曾因对关羽前线的军资供应未能全部到达而被关羽责备，并且关羽说过回去以后一定要治罪，他们俩贪生怕死，又害怕面对威武严厉的关羽，于是索性投降了吴军。

吕蒙袭取荆州后，十分注意收买人心，下令一律不准骚扰百姓，不准在民间索求财物，违令者斩。一个亲兵因为拿了百姓家里的一个斗笠遮盖公家的铠甲，吕蒙便流着眼泪把这个亲兵杀了。全军都为之震惊、害怕，因此一时间江陵城内路不拾遗。吕蒙还在早晚派出身边的人慰问和抚恤老人，给他们送衣送粮。

关羽军跟曹军前锋徐晃部交战失利，包围圈被打破，只得撤走，但此时去襄阳的路又隔绝不通。得知荆州失守后，他心知向南撤退为时已晚。曹操方面虽然对关羽采取"存之以为权害"的策略，但关羽已没有力量再回去夺取荆州了。特别是当关羽派到江陵打听消息的人回来相互传告，都知家中平安，所给待遇比以前还好以后，军中更是斗志丧失殆尽，军士们纷纷离散。

在内忧外患的情况下，关羽只好带着200多人逃到麦城，并且派廖化到上庸求援。廖化来到上庸，向守将刘封、孟达求救。刘封问孟达该怎么办。孟达说："你把关羽当叔叔尊敬，关羽却没把你当侄儿看待。汉中王让你把守上庸这座小山城，就是关羽的主意，要不汉中王早立你为后嗣了。这事谁人不知，只有你闷在葫芦里。你就说刚刚到上庸，民心不定，不敢轻举妄动，回绝他算了。"刘封觉得孟达说得有道理，就回绝了廖化。廖化再三恳求，刘封就是不肯派救兵。

关羽迟迟不见救兵，城里的粮草却已经用完了，所以他只好率领200多个残兵冒险撤离了麦城。出城后，关羽误入了吴的埋伏圈，跟随的士兵渐渐稀少，本人的力气也愈发不济，最后座下的赤兔马被吴军的钩套绊倒，素称"万人敌"的关羽被擒。

孙权爱慕关羽的雄才，多次劝关羽投降，都被他拒绝了，最后孙权只好把他杀了。

关羽一生征战无数，也屡建功名，最后之所以落得个败走麦城、身首异处的悲惨结局，是其性格所致。刚愎自用、骄傲自大，使得士兵离心，特别是在处理同东吴的关系上，有勇无谋，轻敌自傲。正是因为关羽性格上的缺陷，才给对手以可乘之"隙"，最终败亡。因此，人在立身处世之时，一定要放低心态，戒骄戒躁，只有这样才能保持清醒的头脑，走稳人生之路。

2 成熟的果实是下坠的

一桶水不晃，半桶水响叮当

在生活中我们经常会遇到这样一种人，他们总喜欢指出别人的缺点，说人家这做得不合适，那也做得不够，似乎他什么都行，对什么都可以说出一些道理来。其实，这只是一种不成熟的表现，正是人们常说的"一桶水不晃，半桶水响叮当"。他们之所以摆出一副"万事通"的面孔来，恰恰是由于他们内涵不够，底气不足，怕被别人藐视，因此用这种习惯来显耀自己，提高自己的地位。可是这样做的结果只会让人敬而远之，甚至遭人厌恶。

从前，有一位博士搭船过江。

在船上，他和船夫闲谈。

他问船夫说："你懂文学么？"船夫回答说："不懂。"

博士又问："那么历史学、动物学、植物学呢？"

船夫仍然摇摇头。博士嘲讽地说："你样样都不懂，十足是个饭桶。"

不久，天色忽变，风浪大作，船即将翻覆，博士吓得面如土色。

船夫就问他："你会游泳么？"博士回答说："不会，我样样都懂，就是不懂游泳。"

说着船就翻了，博士大呼救命。船夫一把将他抓住，救上岸，笑着对他说："你所懂的，我都不懂，你说我是饭桶。但你样样都懂，就不懂游泳。按刚才的情形看，要不是我这个饭桶，恐怕你早已变成水桶了。"

文中的博士自以为才高八斗，于是飘飘然，逢人就要卖弄，结果却在"一无所知"的船夫面前出尽了洋相。

有一角力高手，身怀足有 360 种招数，每逢比武，灵活变化，交替使用，所以，每次出手都各不相同。他最喜欢的是长得英俊的那个小徒弟。他把自己的本事教给他 359 种，只保留一招未传。小徒弟力大无比，学成后谁也敌他不过。后来，小徒弟跑到国王面前夸下海口，说："我之所以不愿胜过师傅，只因敬他年老，又看他毕竟是自己的师傅。其实，我的本领和力气绝不比师傅差。"

见他这样目无师长，国王很不高兴，便令他师徒二人当着满朝达官贵人的面进行比武。那青年耀武扬威，不可一世地走进赛场，像头愤怒的大象，仿佛他的对手就是一座铁山他也要推倒。

他的师傅见他力气比自己大，只好使出留下未传的那最后一招，一把将他扭住。他还不知怎样招架，就已经被师傅举过头顶，抛在地上。满场的人都欢呼叫好。国王赏赐师傅一袭锦袍，并斥责那青年说："你妄想和你师傅较量，可是你失败了。"

徒弟说："陛下！他胜过我并不是凭力气，而是用了他留下没教的那一点儿小本事，才把我打败的。"师傅说："我留下这一招，为的就是今天。圣人说过：'不要把本事全部教给你的朋友，万一他将来变成敌人，你怎样抵挡得住？'还有一个吃过徒弟亏的人曾经说过：'也不知是如今人心改变，还是世上本来没有情义。我向他们传授射箭技艺，最后他们却把我当作天上的飞鹄。'今天看来，我当时的决定是对的。"徒弟听完后，羞愧难当。

真正有本事、胸怀大志的人是不容易骄傲的，这是一个人的修养达到较高境界的表现。倒是那些胸无大志、对世事一知半解的人很容易骄傲。至于骄傲的本钱，则有大有小，有的人甚至根本没有，也会凭空骤生骄气。如一个有趣的寓言所说的，长颈鹿因为能吃到几米高的树叶而骄傲，而小山羊则因可以从篱笆缝隙里钻进去吃草而骄傲。这说明：骄傲的程度与愚蠢的程度成正比，与成功的概率成反比！要想在成功的道路上走得既坚定又稳健，必须放低心态，戒骄戒躁，永不自满。千万不要做半瓶子醋，要以一种空杯的心态虚心学习，养成求取上进的良好学习习惯。只有这样，我们才会在有所成绩的基础上更进一步，才会有成功路上坚实的步履。

真龙总是潜于水

孔子年轻的时候，曾经拜老子为师请教学问。在谈到怎样为人处世时，老子说了一句话："良贾深藏若虚，君子盛德，容貌若愚。"这句话的意思就是：善于做生意的人，总是把珍贵的宝货隐藏起来，不让人轻易看到；有修养、品德高尚的人，往往在表面上显得很愚笨。

真正有大成就者、成大事业者，无不是虚心好学的人。当他们开始骄傲的时候，他们立即就会想到"人外有人，山外有山"，自身也存在很大的不足。他们会以谦虚低调的心态去面对任何一件事情、任何一个人。

低调是一种美德。一个真正低调、谦虚的人即使在成功的时候，也知道楼外有楼，强中自有强中手。无论你今天多么优秀，事业多么成功，你一定还可以找到比你更优秀、比你更成功的人。当你想到还有那么多的人比你成功，而且心态比你好，你还会觉得自己有资格骄傲吗？有句话很粗俗，但说得非常好："当一个人弯下腰的时候，他的臀部是往上翘的。当一个人越谦虚，表示这个人越成功。正如最饱满的谷穗头低得最沉。"

下面，让我们一同来看看这样一则故事：

因为生存竞争太激烈，南亚地区的一个大象部落被迫向北迁徙，最后选定了东亚的一片丛林为落脚点。

在东亚的这一片丛林里，一直都只生活着一些小动物，诸如兔子、狐狸、松鼠等。大象是陆地上体积最大的动物，来到这个小动物的世界里，就更显得庞大了。

在驻扎下来的第 2 天，大象首领就颁布了 3 项规定：第一，所有大象，都不得对其他动物说大象是陆地上最大的动物；第二，所有大象，都不得因为自己块头大而趾高气扬，更不得欺侮其他动物；第三，所有大象外出时，都必须用树枝掩盖全身，只露出头部，以使自己显得尽可能小。

此 3 项规定一出，大象部落里一片哗然，尤其是对第 3 项，很多大象都表示不能接受。

"我们是最强大的，我们有什么值得顾忌的？有什么值得担心的呢？"

"我们本来就是陆地上最大的动物，我们为什么不可以光明正大地说出来呢？"

"执行这样的规定，有失我们大象的脸面！"

一阵喧闹之后，大象首领站出来说话了："在这片一直都只生活着小动物的丛林里，我们的出现，无疑让所有的小动物都感到不安。如果他们看到我们如此庞大，一定会本能地防备我们，将我们当作敌人。那样的话，我们就一个朋友也交不到，也无法得到外界的帮助。如果所有的小动物结盟，将我们视为共同的敌人，我们的处境将十分糟糕，甚至失去立足之地。我们的确有强大的力量，但这种力量要悄悄地不动声色地使用，表面上我们要对所有小动物都充满友爱，逐步将他们团结在我们的周围，听从我们的号召，而不能让他们结盟来对付我们。"

许多人对于低调这种重要的品性不以为然。事实上，低调是一种积极有力的力量，如果妥善把握，能够使人类在精神上、文化上或物质上不断地提升与进步。

低调是人性中的美德，也是驯服人、驾驭人的最大要领。

有一个人寿保险公司的推销员，他曾经多次向一位客户推销保险，可任凭他磨破了嘴皮，跑烂了皮鞋，客户就是不买他的账。但就在最近，他听说那位客户投保了另一家保险公司，而且数额不小。推销员百思不得其解。这是为什么呢？原来，在他第 1 次向客户推销不成离开时，他说了一句表示决心的话："我将来一定会说服你的。"而那位客户也回敬了一句："不，你做不到——毫无希望！"推销员就这样失去了一笔大生意。

如果这位推销员早知道做人要低调的原则，他可能就不会犯这个错误了。

无论是推销商品，还是说服人做某事，都要记着这个原则：我们要让别人同意自己，就要考虑到对方和我们一样，有好胜的愿望，有受到尊重的要求，有需要顾全的脸面。

做人一定要低调随和。只有这样，才能使你得到更大利益，获得更大成功。

老子曾经告诫世人："不自见，故明；不自是，故彰；不自伐，故有功；不自矜，故长。"这句话的大意是，一个不自我表现的人，反而显得与众不同；一个不自以为是的人，会超出众人；一个不自夸的人，会赢得成功；一个不自负的人，会不断进步。

的确，你把姿态放低，就显得对方高大；你朴实和气，他就愿与你相处，认为你亲切、可靠；你恭敬顺从，让他的指挥欲得到满足，他就会认为与你配合得很默契，很合得来；你愚笨，他就愿意帮助你，而这种心理状态对你非常有利。相反，你若以强硬姿态出现，处处高于对手，咄咄逼人，对方心里就会感到紧张，做事没有把握，而且容易产生一种逆反心理，使你与他之间的交往和工作难以继续。

不论你想要取得什么样的成功，低调都是必要的品质。在你到达成功的顶峰之后，你会发现：低调真的十分重要。因为只有持盈若亏的人才能得到智慧。

3 放低姿态才能继续进步

放低姿态始见自身不足

"低调的人不会骄傲，骄傲的人也做不到低调"。骄傲自满是我们前进中的绊脚石，它就像有色眼镜一样，使我们看不到别人的闪光点，自以为是，止步不前。

骄傲自大的人会在自己与外界之间树起一道无形的"城墙"，形成与外界的隔膜。这会使人变得狭隘、自私、目中无人，如井底之蛙，看不到更广阔的世界。

伊索寓言中有个故事：

有一只狐狸喜欢自夸且很自大，它以为森林中自己最伟大。

傍晚，它单独出去散步，走路的时候看见一个映在地上的巨大影子，于是觉得很奇怪，因为它从来没有看过那么大的影子。后来得知是它自己的影子，就非常高兴。它平常就以为自己伟大，有优越感，只是一直找不到证据可以证明。

为了证实那影子确实是自己的，它就摇摇头，果然，那个影子的头部也跟着摇动，这说明影子是自己的没有错。于是，它就很高兴地跳舞，那影子也跟着它舞动。它继续跳，正得意忘形时，来了一只老虎。狐狸看到老虎也不怕，它拿自己的影子与老虎比较，结果发现自己的影子比老虎大，所以就不理它继续跳舞。后来，老虎趁着狐狸跳得得意忘形的时候扑过去，把它咬死了。

　　饿昏头的人有时真的会在本来空无一物的地上看见食物。由于尊严匮乏造成幻象，也常使人错生"优越感情结"的海市蜃楼，并从这种错误的心理出发，表现出自以为是、我比你行、刚愎自用的傲慢态度。幻象总是会比较显著地出现在一个人生命中最自卑的地方，以便身体的平衡系统帮他从自卑的郁结中解放出来。

　　骄傲是对自己缺乏信心的表现。自信与自傲，有时只有一线之隔。

　　骄傲并不是自尊或自信，而是过度的自我意识使然。有一位哲学家说："一个人若种植信心，他会收获品德。"而一个人若种下骄傲的种子，他必收获众叛亲离的果子，甚至带来不可预知的危险，就像那只自夸自大、自我膨胀的狐狸一样。

　　骄傲也是脆弱的表现，并且很不幸的，它是自卑的一种常见变相。骄傲的人喜欢摆架子、抬高自己、装腔作势。

　　人因自谦而成长，因自满而堕落。成功固然值得自豪，然而自傲就是自暴，自满就是自弃。老子在《道德经》中说："生而不有，为而不恃，功成而不居。"又说："功成名遂，身退，天之道。"如果成功之后，只知自我陶醉，而迷失于成果之中停滞不前，那就是为自己的成就画下句号。

　　富兰克林这位美国哲学家与科学家早就说过："骄傲是一个人要除掉的恶习。"

　　成功常在辛苦日，败事多因得意时。切记！不要尽想出风头。一个人的成绩都是在他谦虚好学、伏下身子扎实肯干的时候取得的，一旦骄气上升，自满自足了，他必然会停止前进的脚步。

　　现实当中，有些青少年由于年轻气盛，易于产生自满情绪，往往取得了一点儿成绩就沾沾自喜。要知道，谦受益，满招损。骄傲的人最终不会有什么好的结果。

　　有人会说，大凡骄傲者都有点儿本事，有点儿资本。你看，《三国演义》中"失荆州"和"失街亭"的关羽和马谡不是都熟读兵书、立过大功吗？这种说法其实是只看到了事情的表面，而没有看到事情的本质。关羽之所以"大意失荆州"，马谡之所以"失街亭"，不正是因为他们自以为"有资本"而铸成的大错吗?

傲慢是一把利剑,不知有多少人因为自己的傲慢一意孤行,而最终败走麦城。面对自己所取得的成绩应该自豪,再接再厉,但不能被这些成绩冲昏头脑,以致最后一败涂地。

所以我们要时刻保持谦虚的心态。

一个人有一点儿能力,取得一些成绩和进步,产生一种满意和喜悦感,这是无可厚非的。但如果这种"满意"发展为"满足","喜悦"变为"狂妄",那就成问题了。这样,已经取得的成绩和进步将不再是通向新胜利的阶梯和起点,而成为继续前进的包袱和绊脚石,这自然就会酿成悲剧。

在这个世界上,谁都在为自己的成功拼搏,都想站在成功的巅峰上风光一下。但是成功的路只有一条,那就是放低心态,不断学习。在通往成功的路上,人们都行色匆匆,有许多人就是在稍一回首,品味成就的时候被别人超越了。因此,有位成功人士的话很值得借鉴:"成功的路上没有止境,但永远存在险境;没有满足,却永远存在不足;在成功路上立足的最基本的要点就是,学习,学习,再学习。"

持盈若亏方能不断自勉

一个容器若装满了水,稍一晃动,水便溢了出来。一个人若心里装满了骄傲,便再也容纳不了新知识、新经验和别人的忠言了。长此以往,其事业将止步不前,或者猝然受挫,故古人云:"满招损,谦受益。"因此,只有空,你才能不断进步。

南隐是日本明治时代著名的禅师。有一天,一位学者特地来向南隐问禅。南隐以茶水招待,他将茶水注入这个访客的杯中,杯满之后还继续注入。这位学者眼睁睁地看着茶水不停地溢出杯外,直到再也不能沉默下去了,他才终于说道:"已经溢出来了,不要倒了。""你的心就像这只杯子一样,里面装满了你自己的看法和主张。你不先把你自己的杯子倒空,叫我如何对你说禅?"南隐意味深长地说。

南隐禅师教导的"把自己的杯子倒空"，不仅是佛学的禅义，更是人生的至理名言。一个人如果志得意满，觉得自己无所不知、无人能及，就必然导致骄矜自傲，什么都装不下，什么都学不进去，就像茶水溢出来一样，再也不可能有更大的发展了。

其实，一个人成功的时候，若还能保持清醒的头脑，而不趾高气扬，他往往会取得重大的成功。

福特说："那些自以为做了很多事的人，不会再有什么奋斗的决心。有许多人之所以失败，不是因为他的能力不够，而是因为他觉得自己已经非常成功了。他们努力过、奋斗过，流血牺牲战胜过不知多少的艰难困苦，凭着自己的意志和努力，使许多看起来不可能的事情都成了现实；然后他们取得了一点儿小小的成功，便经受不住考验了。他们懒怠起来，放松了对自己的要求，往后慢慢地下滑，最后跌倒了。在古往今来的历史上，被荣誉和奖赏冲昏了头脑，而从此懈怠懒散下去，终至一无所成的人，真不知有多少……"

洛克菲勒在谈到他早年从事石油业时，曾这样说道："在我的事业渐渐有些起色的时候，我每晚把头放在枕上睡觉时，总是这样对自己说，'现在你有了一点点成就，你一定不要因此自高自大，否则，你就会站不住，就会跌倒的。不要因为你有了一点儿开始，便俨然以为是一个大商人了。你要当心，要坚持着前进，否则你便会神志不清了。'我觉得我对自己进行这样亲切的谈话，对于我的一生都有很大的影响。我恐怕我受不住成功的冲击，便训练自己不要为一些蠢思想所蛊惑，觉得自己有多么了不起。"

由此可见，真正的低调是自己毫无成见，思想完全解放，不受任何束缚，对一切事物都能做到具体问题具体分析，采取实事求是的态度，正确对待；对于来自任何方面的意见，都能听得进去，并加以考虑。这样的人能做到在成绩面前不居功，不重名利；在困难面前敢于迎难而上，主动进取。他们的谦虚并不是卑己尊人，而是既自尊，也尊人。

为人处世，不要太卑微，也不要太倨傲，否则都是走向了极端。

其实，做人应该既不失礼于人，也不卑躬屈膝；要自尊自重，不要傲慢无礼；既不可心无定性，专抢着跟人打招呼，也不要立定主意，专等人家打招呼。与人相处时，对随和的人你要礼貌，使人感受到你的友善；对傲慢的人你要不屈从，使人能正视你的尊严；遇有支配性强的人，你不妨巧妙地顶他几次，以打乱他的心理定式，破坏他的行为惯性，免得自己老是生活在对方霸气的阴影下。这就是真正的低调。

意大利的达·芬奇在《笔记》中感叹道："微少的知识使人骄傲，丰富的知识则使人谦逊，所以空心的禾穗高傲地举头向天，而充实的禾穗低头向着大地，向着它们的母亲。"其实，人们不应为自己已有的知识和成绩感到骄傲，容器的容量是有限的，假如人能够保持谦虚、低调的心态，则人的心胸可以扩展到无限。人们如能低调处世，无疑可以掌握更多的知识，取得更大的成绩。

众所周知，爱因斯坦是个名满天下的科学家，据说有一次他的学生问他说："老师的知识那么渊博，为何还能做到学而不厌呢？"爱因斯坦很幽默地解释道："假如把人的已知部分比做一个圆的话，圆外便是人的未知部分。圆越大，其周长就越长，他所接触的未知部分也就越多。现在，我这个圆比你的圆大，所以我发现自己尚未掌握的知识也比你多。这样的话，我怎么还懈怠得下来呢？"

为了启发人们谦虚、低调处世，俄国的列夫·托尔斯泰也作了一个很有意义的比方："一个人就好像是一个分数，他的实际才能好比分子，而他对自己的估价好比分母。分母越大，则分数的值越小。"

因此，一个人不管自己有多丰富的知识，取得多大的成绩，推而广之，或是有了何等显赫的地位，都要谦虚谨慎，不能自视过高。应心胸宽广，博采众长，不断地丰富自己的知识，增强自己的本领，进而获致更大的业绩。如能这样，则于己、于人、于社会都有益处。成功者尚且虚怀若谷，盈而亏之，更何况我们这些正为成功而拼搏的人呢？

怎 样 低 调 做 人　中 篇

第五章
贵而不显，华而不炫

人一旦出头了，发达了，就容易成为众人注目的焦点，被人品评，被人臧否，被人算计。因此，越是功成名就之时，越要反躬自省，越要低调做人。唯有将自己融入寻常之中，才能更为有效地保护自己。

1 春风得意时要慎防枪打"出头鸟"

才高不自诩，艺高不自傲

明代大政治家吕坤以他丰富的阅历和对历史人生的深邃观察，在他的《呻吟语》一书中写道："精明也要十分，只须藏在浑厚里作用。古今得祸，精明人十居其九，未有浑厚而得祸者。"

翻译成现代汉语，他的意思是说，人们对聪明、精明还是非常需要的，但关键是要在浑厚中悄悄地运用。古往今来得祸的绝大多数都是那些自恃聪明、卖弄聪明的人，是喜欢外露的人，而没有心里是绝顶聪明而表面上又深藏不露的人会得祸的。

这就是说，聪明是人自身的一笔宝贵财富，这一点是确定无疑的，关键在于你如何运用，如何把握分寸。财富可以使人过得充实、潇洒，也可能毁掉你的一生。事物都有两面性，好的和坏的，有利的和不利的。真正聪明的人不仅仅是脑袋里有智慧、有见地、有主张，更重要的是善于运用自己的聪明智慧，那些能够深藏不露，而在刀刃上或火候已到的时机才适时适度表露的人才是真正聪明的。那种自恃聪明、卖弄聪明或一味耍小聪明的人，其实是愚蠢的，因为那往往是招灾引祸的根源。无论是从政，还是经商，无论是做学问，还是治家务，谁不明白这个道理，谁就会吃亏、倒霉。

三国时候，祢衡很有文才，在社会上也很有名气。但是，他恃才傲物，除了自己，任何人都不放在眼里。容不得别人，别人自然也容不得他。所以，他"以狂杀身"，最终被黄祖杀了。

祢衡所处的时代，各类人才是很多的，但他目中无人，经常说除了孔融和杨修，"余子碌碌，莫足数也"。即使是对孔融和杨修，他也并不是很尊重他们，常常称他们为"大儿孔文举，小儿杨德祖"。

当时曹操和袁绍这两大势力相互博弈，曹操与袁绍开战之前，想要争取镇守荆州的刘表作为自己的后援，因素知刘表好结纳名流，便决定选一名较有名气的高士前往游说。由于曹操对此事十分重视，所以选何人前往，曾向多人征询意见。起初，有人荐举了既有身份又有名望的孔融，而孔融却又转而推荐了好友祢衡。然而，由于种种原因，曹操并不十分情愿召纳祢衡，因此曹操使人招来祢衡后，并未起身让座。祢衡遂仰面感叹："天地虽阔，何无一人也！"曹操说："我手下有数十人，皆当世英雄，怎么就没有一个人！"

祢衡说："请讲。"

曹操说："荀彧、荀攸、郭嘉、程昱机深智远，就是汉高祖时候的萧何、陈平也比不了；张辽、许褚、李典、乐进勇猛无敌，就是古代猛将岑彭、马武也赶不上；还有从事吕虔、满宠，先锋于禁、徐晃，又有夏侯惇这样的奇才，曹子孝这样的人间福将，怎么说没人？"

祢衡笑着说："您错了！这些人我都认识，荀彧可以让他去吊丧问疾，荀攸可以让他去看守坟墓，程昱可以让他去关门闭户，郭嘉可以让他读词念赋，张辽可以让他击鼓鸣金，许褚可以让他牧羊放马，乐进可以让他朗读抄书，李典可以让他传送书信，吕虔可以让他磨刀铸剑，满宠可以让他喝酒吃糟，于禁可以让他背土垒墙，徐晃可以让他屠猪杀狗，夏侯惇称为'完体将军'，曹子孝叫作'要钱太守'。其余的都是衣架、饭囊、酒桶、肉袋罢了！"

曹操很生气，说："你有什么能耐？竟敢口出狂言？"

祢衡说："天文地理，无所不通；三教九流，无所不晓。上可以让皇帝成为尧、舜，下可以跟孔子、颜回媲美。我怎能与凡夫俗子相提并论！"

这时，张辽在旁边，拔出剑要杀祢衡，曹操阻止了张辽，悄声对他说："这人名气很大，远近闻名。要是杀了他，天下人必定说我容不得人。他自以为了不起，所以我要他任鼓吏，以便侮辱他。"

第二天中午，曹操在丞相府大厅上邀请了很多客人赴宴，命令祢衡击鼓助兴。

祢衡精于音乐，打了一通"渔阳三挝"，音节响亮，格调深沉，发出金石般的声音，座上的客人都被激动得情绪热烈，流下泪来。曹操的侍从们突然挑剔地叫道："打鼓的为什么不换衣服？"原来，当时的礼节规定打鼓的人必须换上新衣，以示对于宾客的尊敬。谁知祢衡非但不认错，还当众脱下身上的破旧衣服，赤裸裸地站在那里，客人们惊得一齐掩起面孔。祢衡又慢慢地脱下裤子，一直不动声色。曹操看见这个情景，呵斥起来："在朝廷的厅堂上，为什么这样不懂礼仪？"

祢衡严峻地回答说："目中没有君主，才是不懂礼仪。我不过是暴露一下父母给我的身体，以显示我的清白罢了！"

曹操抓着祢衡的话，逼问说："你说你清白，那么谁又是污浊的？"

祢衡直指曹操说："你不识人才，是眼浊；不读诗书，是口浊；不听忠言，是耳浊；不通晓古今的知识，是头脑浊；不能容纳诸侯，是胸襟浊；经常打着篡夺皇位的念头，是心地浊。我是社会上知名的人，你强迫我打鼓，这不过如同当年奸臣阳虎轻视孔子、小人藏仓毁谤孟子一样。你要想成就称王称霸的事，这样侮辱人行吗？"

祢衡这样犀利地当面抨击曹操，使大家都非常吃惊。当时孔融也在座，生怕曹操一气之下会杀害祢衡，便巧妙地为祢衡开脱说："大臣像服劳役的囚徒一样，他的话不足以让英明的王公计较。"曹操听出孔融在帮祢衡讲话，而他也不想在这宾客满座的场合承担残害人才的恶名。

如果他就此将祢衡杀掉，举国尽知曹操不容人，反而成全了祢衡倨傲直言的美誉。于是，他便宽容委以使命，仍叫祢衡出使荆州，说："如果能说得刘表归顺，就封你个公卿之位。"其实曹操明知刘表昏弱无能，祢衡更不会把他看在眼里。他此去，成则有益于己，败则自取其咎。果然，祢衡到荆州后，对刘表也倨傲不恭，语多讥讽。刘表手下人也愤愤然要杀掉他，但刘表也不愿蒙杀人的恶名，于是又转手把祢衡推到江夏太守黄祖那里去了。祢衡禀性难改，到了江夏仍是轻慢黄祖。黄祖乃一介武夫，又性情暴躁，根本没那么多疑虑，盛怒之际，挥剑杀了祢衡。

孔子曰：一个人行事太过张扬，唯恐别人不知道自己，这样只会四处树敌，于己不利。"人不知而不愠，不亦君子乎！"可见人不知我，谁心里都会老大不高兴的，这是人之常情。尤其是年轻人，总是希望最短时间内便让人家知道自己是个不平凡的人，即使不能在全世界、全中国出名，也要在一个地方出名，至少要使一个团体的人都知道自己。要使人知道自己，当然必须要引起大家的注意，要引起大家的注意，只有从言语行动方面用力，才容易使自己出人头地，于是言辞锋芒、举止锋芒便被视为是刺激大家注意的最有效方法和重要途径。其实不然，不信，你看看周围阅历丰富的人，他们可能与你相反，"和光同尘"，毫无圭角。言语如此，行动亦然，好像他们都是庸才，谁知他们的才，颇有在你之上者；好像他们都是讷言，谁知他们颇有善辩者；好像他们都无大志，谁知一个个竟胸怀雄才大略。他们也不愿久居人之下，却又不肯在言语上露锋芒、在行动上露锋芒，而事实上这样的人反而最先被发现是真人才，最容易受到赏识。为什么？因为这才是真才、大才，这才是真智、大智。

居庙堂之高，常反躬自省

人一旦出头了，发达了，就容易成为众人瞩目的焦点，被人品评，被人臧否，也可能被人算计。因此，越是位居显要处，就越要经常反躬自省，越要讲究低调做人，融入大众之中。唯此，才能做到更有效地保护自己。

曾国藩是在他的母亲病逝，居家守丧期间响应咸丰帝的号召，组建湘军的。不能为母亲守3年之丧，这在儒家看来是不孝的。但由于时势紧迫，他听从了好友郭嵩焘的劝说，"移孝作忠"，出山为清王朝效力。

可是，他锋芒太露，处处遭人嫉妒、受人暗算，连咸丰皇帝也不信任他。1857年2月，他的父亲曾麟书病逝，清朝给了他3个月的假，令他假满后回江西带兵作战。曾国藩伸手要权被拒绝，随即上疏试探咸丰帝，说自己回到家乡后念及当今军事形势之严峻，日夜惶恐不安。咸丰皇帝十分明了曾国藩的意图，他见江西军务已有好转，而曾国藩不过是大清帝国一颗棋子，心想他想要实权，休想！于是，咸丰皇帝朱批道："江西军务渐有起色，即楚南亦就肃清，汝可暂守礼庐，仍应候旨。"假戏真做，曾国藩真是欲哭无泪。同时，曾国藩又要承受来自各方面的舆论压力。此次曾国藩离军奔丧，已属不忠，此后又以复出作为要求实权的砝码，这与他平日所标榜的理学面孔大相径庭，因此招来了种种指责与非议，再次成了舆论的中心。朋友的规劝、指责如潮水般席卷而来，朋友吴敢把一层窗纸戳破，说曾国藩本应在家守孝却出山，是"有为而为"；上给朝廷的奏折有时不写自己的官衔，这是存心"要权"。在内外交困的情况下，曾国藩忧心忡忡，遂导致失眠。朋友欧阳兆熊深知其病根所在，一方面为他荐医生诊治失眠，另一方面为他开了一个治心病的药方："歧、黄可医身病，黄、老可医心病。"欧阳兆熊借用黄、老来讽劝曾国藩，暗喻他过去所采取的铁血政策未免有失偏颇，锋芒太露，伤己伤人。面对朋友的规劝，曾国藩不能不陷入深深的反思。自率湘军东征以来，曾国藩有胜有败，四处碰壁，究其原因，固然是由于没有得到清政府的充分信任而未授予地方实权所致。同时，曾国藩也感到自己在修养方面有很多弱点，在为人处世方面刚愎自用，目中无人。后来，他在写给弟弟的信中，谈到了由于改变了处世的方法而带来的收获："兄自问近年得力唯有一悔字诀。兄昔年自负本领甚大，可屈可伸，可行可藏，又每见得人家不是。自从丁巳、戊午大悔大悟之后，乃知自己全无本领，凡事都见得人家有几分是处，故自戊午至今九载，与四十岁以前迥不相同，大约以能立能达为体，以不怨不尤为用。立者，发奋自强，站得住也；达者，办事圆融，行得通也。"以前，曾国藩对官场的逢迎、谄媚及腐败十分厌恶，不愿为伍，为此所到之处，常开幕布公，一针见血，从而遭人嫉恨，受到排挤，经常成为舆论讽喻的中心。"国藩从官有年，饱历京洛风尘，达官贵人，优容养望，与在下者渐疏和同之气，盖已稔知之。而惯常积不能平，乃变而为慷慨激烈，轩爽肮脏之一途，思欲稍易三四十年不白不黑、不痛不痒、牢不可破之习，而矫枉过正，或不免流于意气之偏，以是屡蹈愆尤，丛讥取戾。"经过多年的宦海沉浮，曾国藩深深地意识到，仅凭他一己之力，是无法扭转官场这种状况的，如若继续为官，那么唯一的途径，就是去学习、去适应。"吾往年在官，与官场中落落不合，几至到处荆榛。此次改弦易辙，稍觉相安。"此一改变，说明曾国藩日趋成熟与世故了。

攻下金陵之后，曾氏兄弟的声望可说是如日中天、达于极盛。曾国藩被封为一等侯爵，世袭罔替，所有湘军大小将领及有功人员，莫不论功封赏。时湘军人物官居督抚高位的便有10人；长江流域的水师，全在湘军将领控制之下；曾国藩所保奏的人物，无不如奏所授。

但树大招风，朝廷的猜忌与朝臣的妒忌随之而来。

颇有心计的曾国藩应对从容，马上就采取了一个裁军之计。不等朝廷的防范措施下来，就先来了一个自我裁军。正所谓忍一时风平浪静，退一步海阔天空，曾国藩意识到鸡蛋是不能与石头碰的，既然不能碰，就必须改变思路，明哲保身。

曾国藩的计谋手法自是超人一等。他在战事尚未结束之际，即计划裁撤湘军。他在两江总督任内，便已拼命筹钱，2年之间，已筹到550万两白银。钱筹好了，办法拟好了，战事一结束，即宣告裁兵，不要朝廷一文，裁兵费早已筹妥。

同治三年（1864年）六月攻下南京，取得胜利，七月初即开始裁兵。一月之间，首先裁去25000人，随后亦略有裁遣。人说招兵容易裁兵难，以曾国藩看来，因为事事有计划、有准备，也就变成招兵容易裁兵更容易了。

曾国藩深谙老庄之法，他对清朝政治形势有明了的把握，对自己的仕途也有一套圆熟通达的哲学理念。他在给其弟的一封信中表露说："余家目下鼎盛之际，沅（曾国荃字沅辅）所统近二万人，季（指曾贞干）所统四五千人，近世似弟者，曾有几家？日中则昃，月盈则亏。吾家盈时矣。管子云，斗斛满则人概之，人满则天概之。余谓天之概无形，仍假手天人以概之。待他人之来概，而后悔之，则已晚矣。"

正是由于曾国藩居安思危，在功高位显之时能洞悉世态人情之险，从而以退为进，保持一种低调通达的作风，才确保和成就了他终身的功德。

曾国藩说：越走向高位，失败的可能性越大，而惨败的结局就越多。因为"高处不胜寒"啊！那么，每升迁 1 次，就要以 10 倍于以前的谨慎心理来处理各种事务。他曾借用"烈马驾车，绳索已朽"来形容随时有翻车的可能。

因此，我们万不可因一时的得意就麻痹大意，认为自己"福大命大"，而应该时时反躬自省，修身立德，这样才能确保长久的安顺。

2 抬高自己就是孤立自己

做人别太拿自己当回事

在人际交往中，那些谦让而豁达的人总能赢得更多的朋友。相反，那些自尊自大、孤芳自赏的人总会引起别人的反感，最终在交往中走到孤立无援的地步。

安德森是个非常优秀的青年，头脑一向很聪明，在大学期间是令人羡慕的"学习尖子"。或许正是因为他太优秀了，所以其他人在他眼里简直不值一提。

他是一个特立独行的人，时时感到自己是"鹤立鸡群"。不仅周围的同学他看不上眼，连一些教授他也不放在心上，因为他们讲的课程对安德森来说实在太简单了。

学业上的优秀使安德森逐渐形成了一种优越感，因而在人际交往上常常显得极为挑剔，容不得别人有一点儿毛病。一次，有位同学向他借了一本书，书还回来时弄破了一点儿，虽然那位同学一再向他表示歉意，但安德森仍然无法原谅他。尽管碍于面子，他当时什么话也没说，然而从那以后，他再也不愿理睬那个借书的同学了。

渐渐地，安德森成了其他同学眼中的"怪人"，大家不敢再和他交往，甚至不愿意和他交往。当然，这种"集体排斥"并没有阻碍安德森在学业上的成功。

安德森的功课门门都很优秀，年年都获得奖学金，还曾代表学校参加过国际性竞赛，并获得了奖项。许多老师和学生都一致认为，他是一个难得的"天才"。

数年寒窗苦读后，安德森以优异的成绩毕业，并顺利进入了一家待遇优厚的大公司。他心中对未来充满了憧憬，准备干出一番轰轰烈烈的事业来。

不过，上班后的生活远远不像在学校里那样简单，每天都少不了和上司、同事、客户等各种各样的人打交道，安德森对此感到十分厌烦。原因在于，他在与人交往时仍然抱着那种挑剔的心理，一旦与人接触就对他人的弱点非常敏感。

毕竟，安德森太优秀了，很少有人能够和他相提并论。他对别人的挑剔越来越严重，逐渐发展成对他人的厌恶。他讨厌那些平庸的同事、低能的上司，有时甚至说不清对方有什么具体的缺陷，但他就是感觉不对劲。

长此以往，安德森与周围的人关系十分紧张，彼此都感到很别扭。他经常与同事闹得不可开交，也往往因一些微不足道的小事而与上司发生龃龉。

终于有一天，安德森彻底变成了一个无人理睬的闲人了。尽管他确实很有才干，但上司却不再派给他任何任务，同事们也像躲避瘟疫一样远离他。在走投无路之际，他被迫写了一份辞职书，结果马上得到了批准。

随后，安德森又到别处应聘，可是一连换了四五家单位，竟然没有一处令他感到满意。这位原本前途远大的青年，心情变得越来越苦闷，日益形单影只。在巨大痛苦的煎熬下，他的精神逐渐崩溃，最后被送入了一家精神病医院。

做人太把自己当回事了，就容易挑三拣四，忘乎所以，刚愎自用，并且在与人相处时吹毛求疵。这样的人，即便本领再高强，也不会受人尊敬、被人重用。而且，一个太拿自己当回事的人，即使不在言谈之中将这种态度表露出来，其身上那种"顾影自怜"、"孤芳自赏"的气质也是足以令许多人讨厌、不悦的。因此，做人就是要放低心态，把自己融入平常人当中去，不要刻意突显什么，这样才能为自己赢得好人缘。

不要把人比下去

一个人，锋芒太盛了难免灼伤他人。想想看，当你将所有的目光和风光都抢尽，却将挫败和压力留给别人，那么别人在你的光芒的压迫之下，还能够过得自在、舒坦吗？也因此，有才却不善于隐匿的人，往往招来更多的嫉恨和磨难。曹植锋芒毕露，文名满天下，最终却给自己带来了灾祸。这难道是他的初衷吗？他只是不知道收敛罢了。因此，在名利场中，要防止盛极而衰的灾祸，必须牢记"持盈覆满，君子兢兢"的教诫。

唐人孔颖达，字仲达，8岁上学，每天背诵1000多字。长大后，他很会写文章，也通晓天文历法。隋朝大业初年（581年），他举明高第，被授博士。隋炀帝曾召天下儒官，集合在洛阳，令朝中士与他们讨论儒学。颖达年纪最小，道理却说得最出色。那些年纪大、资深望高的儒者认为颖达超过了他们是耻辱，所以便打算暗中刺杀他。颖达躲在杨志感家里才逃过这场灾难。到唐太宗时，颖达多次上诉忠言，因此得到了国子司业的职位，后又拜祭酒之职。太宗来到太学视察，命颖达讲经。太宗认为讲得好，下诏表彰他。但后来他却辞官回家了。

南朝刘宋王僧虔，东晋王导的孙子。宋文帝时官为太子庶子，武帝时为尚书令。年纪很轻的时候，僧虔就以擅长书法闻名。宋文帝看到他写在白扇子上面的字，赞叹道："不仅字超过了王献之，风度气质也超过了他。"当时，宋孝武帝想以书名闻天下，于是僧虔便不敢露自己的真迹。大明年间，他曾把字写得很差，因此才平安无事。

当你把别人比下去，就给了别人嫉妒你的理由，为自己培养了敌人。所以，在与人逞强之前请先三思。

当然了，如果你确实有真才实学，又有很大的抱负和理想，不甘于停留在一般和平庸的阶层，那么你可以放开手脚大干一场，但有一点你必须注意，即时刻提防周遭的嫉妒。要想使自己免遭嫉妒者的伤害，你需要注意自己的言行，尽量不要刺激对方的嫉妒心理。对于你周围的"嫉妒"者，你要回避而不宜刺激。同事的嫉妒之心就像马蜂窝一样，一旦捅它一下，就会招致不必要的麻烦。既然嫉妒是一种不可理喻的低层次情绪，也就没必要去计较你长我短、你是我非，更不必针锋相对，非弄个"水落石出"、"青红皂白"不可。须知，这不是学术讨论，更不是法庭对峙，你的对手不会用"逻辑"、"情理"或"法律依据"与你争锋的。嫉妒之人本来就不是与你处在同一档次上，因而任何"据理力争"都只会使你吃亏，它不仅降低你的档次，还浪费你的时间，让你虚掷精力。最佳应对方式是胸怀坦荡、从容大度。对出于嫉妒的种种"雕虫小技"，你完全可以视若不见、充耳不闻，以更为出色的成绩来证实所受的认可是完全公正的。

降低姿态与他人交往

低调做人是一种境界、一种风度、一种去留无意的胸襟、一种宠辱不惊的情怀。甘于低调做人者，总能以平常心面对喧嚣的世界、纷扰的人群，在为人处世上从不表现出骄慢、卖弄和过分张扬的姿态来，而是会把自己的举止言行融于常人当中，并始终把自己看作是社会上普普通通、实实在在的一员。这不仅是一种做人的标准，也是一门做人的艺术。

英格丽·褒曼在获得了两届奥斯卡最佳女主角奖后，又因在《东方快车谋杀案》中的精湛演技获得最佳女配角奖。然而，在她领奖时，她却一再称赞与她角逐最佳女配角奖的弗伦汀娜·克蒂斯，认为真正应该获奖的是这位落选者，并由衷地说："原谅我，弗伦汀娜，我事先并没有打算获奖。"

褒曼作为获奖者，没有喋喋不休地叙述自己的成就与辉煌，而是对自己的对手推崇备至，极力维护了落选对手的面子。无论谁是这位对手，听到这番话之后，都会十分感激褒曼，会认定她是倾心的朋友。一个人能在获得荣誉的时刻如此尊重和取悦竞争对手，如此与伙伴贴心，实在是一种文明优雅的风度。

古代有位大侠名叫郭解。有一次，洛阳某人因与他人结怨而心烦，多次央求地方上有名望的人士出来调停，可对方就是不给面子。后来他找到郭解门下，请他来化解这段恩怨。

郭解接受了这个请求，亲自上门拜访委托人的对手，做了大量的说服工作，好不容易使这人同意了和解。照常理，郭解此时不负人托，完成了这一化解恩怨的任务，就可以走人了，可郭解并不这样一走了之。

一切讲清楚后，他对那人说："这个事，听说过去有许多当地有名望的人调解过，但因不能得到双方的共同认可而没能达成协议。这次我很幸运，你也很给我面子，让我了结了这件事。我在感谢你的同时，也为自己担心，我毕竟是外乡人，在本地人出面不能解决问题的情况下，由我这个外地人来完成和解，难免会使本地那些有名望的人感到丢面子。"他进一步说："这件事这么办，请你再帮我一次，从表面上要做到让人以为我出面也解决不了问题。等我明天离开此地，本地几位绅士、侠客还会上门，你把面子给他们，算做是他们完成此一美举的吧。拜托了。"

郭解把自己的面子扯下来，心甘情愿地送给其他有名望的人，其境界之高，其心态之平，实在令人敬佩。

因此，当你事业有成或获得令人艳羡的福分时，千万不要忘乎所以，不要盛气凌人，而应该维持一种平和的心态。你要摆低姿态与人交往，这样才不至于戳人痛处，惹人嫉恨，同时还能使自己更受人尊重和喜爱。

3 降低姿态可以平和众人心态

才高莫要目中无人

大多数人都有张扬自己的欲望，而这种欲望常常会使自己心态失衡，做出不识大体的事情来，并很容易引起别人的侧目和反感，导致自己陷于被动的人际环境中，进而造成磨难不断、运途多舛。

苏东坡是宋代著名的文人，年轻的时候，他仗着自己聪明，颇有点恃才傲物、目中无人的架势。

有一天，王安石与苏东坡在一起讨论王安石的著作《守说》。这本书把一个字从字面上解释成一个意思。当他们讨论到"坡"字时，王安石说："'坡'字从土，从皮，'坡'就是土的皮。"苏东坡笑道："这么说，'滑'字就是水的骨啰。"王安石又说："'鲵'字从鱼，从儿，合起来就是鱼子。四匹马叫作'驷'，天虫写作'蚕'。古时候的人造字，是有它的含义的。"东坡故意说："'鸠'字是九鸟，你知道其中的原因吗？"王安石不知道苏东坡是开玩笑，连忙虚心向他请教。东坡笑着说："《毛诗》说'鸠鸠在桑，其子七兮'，加上他们的爹妈，一共是九个。"王安石一听，不说话了，心中暗暗觉得东坡虽有才，但不免轻狂了些。

过了不久，苏东坡由翰林学士遭到贬谪，削级降职，被皇帝派往湖州做刺史。3 年期满，才又回到京城。苏东坡在回来的路上便想：当年得罪这位老太师，也不知他气消了没有，回去得马上拜访他。所以，他还来不及安好家，便骑马往王丞相府奔来。

东坡到相府门口，立刻被门前的一些听事的小官吏引入门房。守门官说："您在门房里稍稍坐一下，老爷正在睡觉，还没醒呢！"东坡点点头，便在门房内坐下了。

守门官走后，东坡百无聊赖，四下浏览，看到砚下一叠整整齐齐的素笺，上面写着 2 句没有完成的诗稿，题为《咏菊》，于是取过诗稿念了一遍：

> 西风昨夜过园林，
>
> 吹落黄花满地金。

念完之后他连连摇头：老太师当真是胡说八道啊！原来在宋代，一年四季的风都有名称：春天为和风，夏天为熏风，秋天为金风，冬天为朔风。这首诗开头说"西风"，西方属金，这应该是说的秋季。可是第 2 句说的"黄花"正是菊花，它开于深秋，最能和寒风搏击，而且即便是焦干枯烂了，也不会落花瓣，所以说"吹落黄花满地金"不是错误的吗？

苏东坡为自己的聪明才智得意万分，飘飘然起来，忍不住举笔蘸墨，依韵续了两句诗：

> 秋花不比春花落，
>
> 说与诗人仔细吟。

写完，他又觉得有些不妥，暗想："如果老太师出门款待我，见我这样当面抢白他，恐怕脸面上过不去。"可是已经写了，想把它藏起来吧，万一要是王安石出来寻诗不见，又要责怪他的家人。

一筹莫展之际，他也懒得再管了，把诗原样放好，自己走出门来对守门官说："一会儿老太师出堂，你便禀告他，说苏某在这里伺候多时。但只因初到京城，一些事还没有办妥，所以明天再来拜见。"说完，便骑着马回住所了。

过了不多久，王安石出堂，看到诗稿，马上皱起眉头："刚才谁到过这里？"

下人们忙禀告："湖州府苏老爷曾来过。"王安石也从笔迹上认出了苏东坡的字，他口里不说什么，心下却直犯嘀咕："这个苏轼，遭贬3年仍不改轻薄之性，不看看自己才疏学浅，敢来讥讽老夫！明天早朝，待我奏明皇帝，给他来个削职为民。"但转念又一想："他不曾去过黄州，见不到那里菊花落瓣，也难怪他。"于是他细看了一下黄州府缺官名单，那里单缺一个团练副使，他心想正好可让这乳臭未干的小子过去锻炼锻炼。于是，第二天他便奏明皇上，把苏东坡派到那里去了。

苏东坡也知道是自己改诗触犯了王安石，他在公报私仇，但事已如此，也只得领命了。

后人听到这个传说故事，都不免感慨万分——尽管苏东坡才高八斗，学富五车，可是他太目空一切，锋芒毕露，所以只能拜倒在王安石脚下。当然，"遭遇"王安石这样一位正人君子已经是苏东坡"三生有幸"了，如果是撞在一个阴险小人的身上，那后果真是不堪设想。

西方哲学家卡莱尔说："人生最大的缺点，就是茫然不知自己还有缺点。"因为人们只知道自我陶醉，一副自以为是、唯我独尊的态度，殊不知这种态度会遭到多数人的排斥，使自己处于不利地位。

富兰克林早年曾为自己的一点儿成就沾沾自喜，他那种过分自负的态度使别人非常看不顺眼。有一天，一个朋友把他叫到一旁，劝告了他一番，这一番劝告改变了他的一生。

"富兰克林，像你这样是不行的，"那个朋友说，"凡是别人与你的意见不同时，你总是表现出一副强硬而自以为是的样子。你这种态度令人觉得难堪，以致别人懒得再听你的意见了。你的朋友们觉得不同你在一处时，就会自在些。你好像无所不知、无所不晓，别人就对你无话可讲了。的确，人人都懒得来和你谈话，因为他们费了许多力气，反而觉得不愉快。你以这种态度来和别人交往，不去虚心听取别人的见解，这样对你自己根本没有任何好处。你从别人那儿根本学不到一点儿东西，但是实际上你现在所知道的确实很有限。"

富兰克林非常惊讶，他从未想过，自己过于自负的种种行为已经在别人心中留下了这么差的印象。从此以后，他开始有意地严格要求自己，把已经取得的成绩丢到一旁，认为过去的事情不值一提。他需要别人的意见和建议，并借此完善和提高自己。

事实证明，当他不再自负、虚心接受别人的意见时，他发现了自己的许多不足，并以此为动力获得了巨大的益处。

事实也正是如此，只有保持谦逊，我们才可能有相互学习的机会。因为，谦逊能使我们相互之间敞开心扉，并使我们能够从他人的角度看待事物；只有保持谦逊，我们才可能坦诚地与他人交换意见；只有保持谦逊，我们才可能避免犯下傲慢与褊狭的错误，并避免争端。

位高不必耀武扬威

任何事物都有看不透和不可预料的一面，而世事之多变，更非人所能逆睹，所以唯有谨慎处世，避嫌疑，远祸端，未思进先思退，方能自保。特别是功成名就之后，更应该夹起尾巴做人，以便独善其身。

唐肃宗上元二年（公元761年），郭子仪爵封汾阳王，王府建在长安的亲仁里。令人不解的是，汾阳王府自落成后，每天都是府门大开，任凭人们自由进出，而且郭子仪不准府中人干涉。这可与别处官宅府第门禁森严的情况截然不同。有一天，郭子仪帐下的一名将官要调到外地任职，特意前来王府辞行。他知道郭子仪府中百无禁忌，就一直走进了内宅。恰巧，他看见郭子仪的夫人和他的爱女2人正在梳洗打扮，而王爷郭子仪则正在一旁侍奉她们。她们一会儿要郭子仪递手巾，一会儿要他去端水，使唤郭子仪就好像使唤奴仆一样。这位将官当时真是惊讶万分，回去后，不免要把这情景讲给他的家人听。于是一传十，十传百，没几天，整个京城的人们便都把这件事当作笑话来谈论了。

郭子仪听了倒没有什么，他的几个儿子听了却觉得太丢王爷的面子——大唐堂堂将军竟如此不顾自己体面，以致遗人笑柄，郭家脸面何在！于是他们决定对父亲提出建议。

　　他们相约一齐来找父亲，要他下令，像别的王府一样戒备森严，闲杂人等一律不准入内。郭子仪听了哈哈一笑，几个儿子哭着跪下来求他，一个儿子说："父王您功业显赫，普天下的人都尊敬您，可是您自己却不尊重自己，不管什么人，您都让他们随意进入内宅。孩儿们认为，即使商朝的贤相伊尹、汉朝的大将霍光也无法做到您这样。"

　　郭子仪长叹了一声，语重心长地说："我如今爵封汾阳王，作为人臣，已是一人之下万人之上了。往前走，再没有更大的富贵可求。你们现在还太年轻，只看到我们郭家的显赫声势，却不知这显赫背后已是危机四伏。月盈则亏，盛极而衰，按理我应急流勇退才是万全之策。可如今朝廷要用我，皇上怎么会让我解甲归田，退隐山林？再者，我们郭家上上下下有 1000 余口人，到哪儿去找能容纳这么多人的隐居地？在这进退两难的境况中，如果我再将府门紧闭，与外界隔阂，一旦与我有仇怨的人诬告我们对朝廷不忠，则必然会引起皇上的猜忌；若再有妒贤嫉能之辈添油加醋，落井下石，则我们郭家一门九族就会都性命不保，死无葬身之地了。"

　　几个儿子听了郭子仪的话，恍然大悟，无不佩服父亲的先见之明。郭子仪就是靠着这种大智若愚的糊涂为官之道，而达到明哲保身，从而避免或减少了皇帝与权臣对他的猜忌，成功地在唐玄宗、肃宗、代宗、德宗四朝中长期任职，安享富贵的。

　　身为四朝重臣的郭子仪可谓是功高盖世，可他却明白"聪明圣知，守之以愚；功被天下，守之以让；勇力抚世，守之以怯"的道理，并身体力行，方才全身而终，荫及子孙，泽被后代。

　　不争一时之荣辱，不争一事之胜负，郭子仪明白产生灾祸的原因，知道该如何消灾免祸，并一直用谦谨的作风确保全家安乐。人们若能像郭子仪那样时刻保持谦卑谨慎的状态，祸患自然不会产生。所以，未雨绸缪，防患于未然是很有必要的。

　　过于坚硬的，容易折断；过于洁白的，则容易被污染。骄兵必败，骄将必失。同样，一个人在自己的事业达到顶峰时，也需要牢记月盈则亏之理，以警惕灾祸，避免日后的失败。

凡想做一些大事情的人，无论在什么时候，都不可忘记以下 4 条忠告，并应争取改掉这 4 种缺点：其一，妄自尊大；其二，盛气凌人；其三，好大喜功；其四，趾高气扬。

这 4 点不过是人类劣根性的几种表现而已，它们都超出了谦卑，走向了人类之美德的反面。人们犯了其中任何一条，都会带来或大或小的损失。切记，当一个人走在傲慢与谦卑之间那条狭窄的小道上时，必须保持低调，谦虚待人。

财高无须声大气粗

在日常生活中，即便自己在事业上取得了一定的成绩，或者有了一些特殊的优势，也千万不要傲气十足，牛气冲天，自以为高人一等，处处唱高调，时时摆身份。如果想怎么说就怎么说，只图自己痛快，不顾别人感受，迟早会因失语于人而殃及己身。

有这样一个案例：湖北某市有一家汽车修理部，规模很大，可承接各式汽车的中型维修。老板叫刘津。当初刘津夫妇带着一对儿女刚从农村老家一穷二白地来到该市打工时，妻子给人洗碗，丈夫在一家汽车修理部当小工，生活很是贫困。好心的邻居经常帮助他们，对老欺负他们子女的孩子也都严格管教。为此，刘津夫妇对他们租住的左邻右舍非常感激，有邻居请他们帮个忙什么的，他们也都乐呵呵的，很热心。

经过几年的奋斗，刘津已经可以自己为人修车了，且生意很好。接着，刘津买下了所租的房子，自己经营上了汽车修理部，老家的两个弟弟和侄子也过来帮忙。慢慢地，刘津开始赚钱了，朋友也多了，路也宽了。于是他渐渐财大气粗起来，他的儿子还时不时欺负邻居的孩子。因为家里有钱，他儿子也善交际，在当地还"立了棍"，所以无人敢惹他家。

一次，因刘津用车运来许多大大小小的旧汽车轮胎堆在房间的周围，使行人过往很不方便，所以几家邻居找到刘津，让他往边上重新堆一堆。为此，刘津打电话找来十几个人"摆平"这些邻居，最后竟将一个老汉踹倒在轮胎上。这个邻居的儿子知道此事后，找到刘津打了他一拳。刘津便到医院花了 1000 多元看病，并逼这邻居报销。

2004 年一天夜里 11 点多钟，刘津从外面与朋友玩麻将回来，将轿车停到门前。他刚一下车，就上来三四个人猛地将他打倒，抢走了他的手机和身上的钱。在撕扯当中，有人掏出刀子狠狠地刺向他的肋部，随后几个人便逃走了。这个抢劫的过程有的邻居其实已经从屋中听到了，但无人走出来干涉。后半夜，刘津的弟弟与人从火锅城出来的时候，才发现哥哥已经死在车前。后经法医鉴定，刀子并未伤及要害，刘津是因流血过多而死。如果当时有人将他送往医院及时抢救，他的命就可以保住了。可惜无人出面，大家都只是冷眼旁观。

在一所大学中还曾发生过这样一件事：

同住一个宿舍的 2 名大学生，其中一个学生的家长是一家公司的经理，于是他也养成了吆三喝四的习惯；另一个性格内向，但自尊心很强，家长是个下岗工人。当这个性格内向、自尊心很强的同学不幸患上了轻度的肺结核时，同学们都积极地关心他、照顾他，而那个蛮横的同学却扬言要把他撵出这个宿舍，以免被传染。这话严重伤害了患病同学的自尊心。后来，他们又因晚上睡觉熄灯问题发生了争吵。那位高傲的同学本来没理，却蛮横地叫喊："你得给我跪下求饶，否则，你在这寝室住一天，我就欺负你一天！"骂完后，他没事儿一般地去休息了。那位性格内向的同学则被劝到别的寝室去住一宿。可这位同学在床上越想越气，于是便从别处借了一把锤子，趁那位出口伤人的同学熟睡之际，用锤子向他头部猛击了 10 多下，将他打死。最终他自己也被法律判处了死刑。2 个不满 20 岁、入学不到 1 年的大学生，就这样结束了年轻的生命。

是什么害了他们呢？就是盛气凌人的言辞，当然也还有不成熟的性格。这些教训难道不够惨痛吗？

因此，我们在日常做人立世中要学会低调，有许多言辞并不见得非说不可，要时刻记住"留条后路比什么都强"的古训。

第六章
防微杜渐，稳中求胜

　　人在江湖就像风里行船，随时都有遭遇风险、触礁翻船的可能。生活中，不仅大风大浪时时困扰着我们，甚至连许多微不足道的小事都往往能在始料不及间牵系我们日后的成败祸福。人生复杂诡变至此，我们更应收敛锋芒，防患于未然。

1 见微知著：谨慎才能驶得万年船

言顾行，行顾言

"人有失足，马有漏蹄。"同样，在人际交往过程中，无论凡人名人，都免不了随时可能发生的言语失误。虽然个中原因有别，但它造成的后果却是相似的：或贻笑大方，或纠纷四起，有时甚至不可收拾。

因此，人在处世之中一定要注意自己的言谈，以免一时不慎祸患长久。如果已经失言，则一定要尽力弥补，尽量避免无谓的损失。

据说，司马昭与阮籍有一次同上早朝，忽然有侍者前来报告：

"有人杀死了母亲！"

放荡不羁的阮籍不假思索地说：

"杀父亲也就罢了，怎么能杀母亲呢？"

此言一出，满朝文武哗然，认为他"有悖孝道"。阮籍也意识到自己言语的失误，忙解释说：

"我的意思是说，禽兽才知其母而不知其父，所以杀父就如同禽兽一般。而杀母呢？自然就连禽兽也不如了。"

阮籍一席话，竟使众人无可辩驳，使自己也避免了杀身之祸。

当然，有时候仅靠口舌解释难于挽回失误。这时候，就要动脑采取适当的行动了。

郭德成是元末明初人，他性格豁达，十分机敏，特别喜爱喝酒。在元末动乱的年代里，他和哥哥郭兴一起，随朱元璋转战沙场，立了不少战功。

朱元璋做了明朝开国皇帝后，原先的将领纷纷加官晋爵，待遇优厚，成为朝中达官贵人。而郭德成仅仅做了戏骑舍人这样一个普通的官。

一次，朱元璋召见郭德成，说道："德成啊，你的功劳不小，我让你做个大官吧。"

郭德成也是颇通世态人情的，连忙推辞说："感谢皇上对我的厚爱，但是我脑袋瓜不灵，整天不问政事，只知道喝酒，一旦做了大官，那不是害了国家又害了自己吗？"

朱元璋见他辞官坚决，内心赞叹，于是将大量好酒和钱财赏给郭德成，还经常邀请郭德成去后花园喝酒。

一次，郭德成兴冲冲赶到皇家后花园，眼见园内花团锦簇，桌上美酒香味四溢，他忍不住酒性大发，连声说道："好酒，好酒！"随即陪朱元璋喝起酒来。

杯来盏去，渐渐地，郭德成脸色发红，醉眼蒙眬起来，但他依然爱不释手，一杯接一杯地喝个不停。眼看时间不早，烂醉如泥的郭德成跟跟跄跄地走到朱元璋面前，弯下身子，低头辞谢，结结巴巴地说道："谢谢皇上赏酒！"

朱元璋见他醉态十足，衣冠不整，头发纷乱，笑道："看你头发披散，语无伦次，真是个醉鬼疯汉。"

郭德成摸了摸散乱的头发，脱口而出："皇上，我最恨这乱糟糟的头发，要是剃光，那才痛快呢。"

朱元璋一听此话，心"咯噔"一沉，登时变脸，心想这小子怎么敢这样大胆地侮辱自己。他正在发怒，却看见郭德成仍然傻乎乎地说着，于是转念一想：也许是郭德成酒后失言，不妨冷静观察，以后再整治他也不迟。想到这里，朱元璋虽然闷闷不乐，但还是高抬贵手，让郭德成回了家。

郭德成酒醉醒来，一想到自己在皇上面前失言，他立即恐惧万分，冷汗直流。原来，朱元璋年少时，曾在皇觉寺做和尚，最忌讳的就是"光"、"僧"等字眼。郭德成怎么也想不到，今天酒醉失言竟然戳了皇上的痛处。

郭德成知道朱元璋对这件事不会善罢甘休，自己以后难免有杀身之祸，所以他深深地思考着：向皇上解释，不行，更会增加皇上的忌恨；不解释，自己已经铸成大错。难道真的要为这事赔上身家性命不成？郭德成左右为难，苦苦地为保全自身寻找妙计。

过了几天，郭德成继续喝酒，狂放不羁，和过去一样，只是进寺庙剃光了头，真的做了和尚，整日身披袈裟，念着佛经。

朱元璋看见郭德成真做了和尚，心中的疑虑、忌恨全消，还向自己的妃子赞叹说："德成真是个奇男子，原先我以为他讨厌头发是假，想不到真是个醉鬼和尚。"说完，朱元璋哈哈大笑。

后来，朱元璋猜忌有功之臣，原来的许多大将们纷纷被他找借口杀掉了，而郭德成竟保全了性命。这是由于他能够从小的祸事看到以后事态的发展，提前避祸，所以才没招来杀身之祸。正所谓"前车之鉴，后事之师"。先贤已逝，但我们却能从郭德成的人生遭遇中体会到世道的崎岖与艰险。然而，我们在感叹之余，是不是更应吸取前人的教训，在为人处世的时候多一个心眼，多一份谨慎呢？

走一步，看三步

世事变化从来都是风云难测，但低调的人懂得趋利避害，用低调的"厚壳"保护自己。

中国历史上明王朝的建立，大将军徐达功不可没。

徐达是朱元璋的功臣之首，一生率大军东征西讨，可谓"功定天下之半，声驰四海之表"，称得上是汉朝的韩信。

当年，徐达手握重兵，又在将士中有着崇高的威望，他如果有自己当皇帝的野心，朱元璋就只有让贤的份儿了。

所以朱元璋当时也是两难——不重用徐达无法平定天下，重用徐达则等于太阿倒持，把帝位和自己及家人的性命交到徐达手中，只看他取不取了。

朱元璋想了很久，终于想出一个试探徐达真心的办法来。一次徐达出征回来，朱元璋照例下殿迎接，口称大哥，亲热无比。徐达汇报完战事后，朱元璋便留他在宫中闲谈，故意装作漫不经心的样子说："大哥功劳盖世，却没有一座像样的房子，我以前当吴王时住的府邸现今空着没用，就送给大哥将就住吧。"

徐达一听，心都提到嗓子眼儿了，知道自己已到了鬼门关口，忙俯身下拜，苦苦推辞。朱元璋见他态度诚恳，也就不再提了，徐达却是汗透重衣。

过了几天，朱元璋在吴王府邸中设宴，款待自己昔日的布衣兄弟，徐达自然也被请去。酒宴上朱元璋连连劝酒，徐达不敢违命，只好拼命喝。结果他不胜酒力，宴席没结束便已醉倒了。

于是朱元璋便命人把徐达抬到自己以前住过的床上，对众人说："我已经把这所房子送给徐大哥了，今天不过是代他请大家喝酒，主人已醉，咱们也散了吧。"然后便率众人离开。

徐达酒醒后发现自己是在吴王府邸中，而且睡在皇上先前用过的床上，顿时吓得魂飞九天，忙一跃而起冲出府门。府中的奴仆们不知何故，都出来劝他回去，说皇上已经把府邸赐给大将军了。

徐达哪敢再踏入府门，同时又不敢擅自回家，怕朱元璋心中生疑，索性和衣睡在街道上。仆人们都苦苦劝他，数九寒冬地睡在街道上非冻死不可，徐达却置之不理。夹杂在仆人中的锦衣卫密探忙入宫禀报朱元璋这一情况，朱元璋不觉露出笑容，命他继续监视。

徐达宿醉未醒，又自知逃过了生死一劫，所以虽躺在街道上，心里却很平静，居然在凛冽的寒风中睡着了。

朱元璋得知这一情况后嬉笑出声，对徐达放下心来，认定他没有自立为帝的野心。

徐达天一亮便入宫求见，见到朱元璋后口称死罪，连连叩头谢罪，请求惩罚。朱元璋却哈哈大笑，并下令在吴王府邸的对面为徐达造一座府邸，赐名为"大坊"。

除此之外，身为统帅，建立赫赫战功的徐达还能处处与士兵同甘共苦。遇到军粮不济、士兵未饱时，他也不饮不食；士卒伤残有病，他亲自慰问，给药治疗；如遇上士卒牺牲，他更是重视，定筹棺木葬之。所以将士对他无不既感激又尊敬。

本来可以声色犬马的徐达，平生却无声色酒财之好，"妇女无所爱，财宝无所取，中正无所疵，昭明乎日月。"

朱元璋赐予他一块沙洲，由于正处于农民水路必经之地，家臣便以此擅牟其利。徐达知道后，立即将此地上缴官府，"其无私欲，持大节类如此"。

1385年，徐达病逝于南京。朱元璋为之辍朝，悲恸不已，追封为中山王，并将其肖像陈列于功臣庙第一位，称之为"开国功臣第一"。

徐达之所以能不居功自傲，除其个人良好的修养外，还有更深层次的原因，那就是他知道功成名就后如何安身立命。事实上，朱元璋登基后，从1380到1390年，受丞相胡惟庸牵连被杀的功臣、官僚共达3万多人；1393年，立有赫赫战功的将领蓝玉以及与其有关的人士均被杀，先后牵连被杀的竟有几万人；洪武十五年（1382年）的空印案，洪武十八年（1385年）的郭桓案，被杀者更多达8万之众。

应该说，朱元璋用严刑重刑杀了包括功臣在内的10多万人，实质上是强化其统治的手段，也是统治阶级内部残酷斗争的结果。徐达当然知道"伴君如伴虎"的道理，他知道与这样的皇帝在一起只能共苦，不能同甘，自己如果居功自傲，无异于引火烧身。所以，徐达夹起"尾巴"，低调做人。这既是徐达个人修养的体现，也是他保全自己的良策。

见小利，思大害

现代社会交际应酬十分频繁，朋友、熟人之间请客送礼也如家常便饭。这中间除了友情之外，也免不了夹杂个人利害。所以在接受别人厚礼的时候，要三思而行，千万勿因贪利而使自己陷于被动的处境之中。

从前，鲁国的宰相公仪休非常喜欢鱼，赏鱼、食鱼、钓鱼，可谓爱鱼成癖。

一天，府外有一人要求见宰相。从打扮上看，求见者像是一个渔人，他手中拎着一个瓦罐，急步来到公仪休面前，伏身拜见。公仪休抬手命他免礼，看了看，不认识，便问他是谁。那人赶忙回答："小人子男，家处城外河边，以打鱼为业糊口度日。"

公仪休又问："噢，那你找我所为何事，莫非有人欺负你，抢了你的鱼了？"

子男赶紧说："不不不，大人，小人并不曾受人欺侮。只是小人昨夜出去打鱼，见河水上金光一闪，小人以为定是碰到了金鱼，便撒网下去，却捕到一条黑色的小鱼。这鱼说也奇怪，身体黑如墨染，连鱼鳞也是黑色，几乎难以辨出。而且黑得透亮，仿佛一块黑纱罩住了灯笼，黑得泛光。鱼眼也大得出奇，直出眶外。小人素闻大人喜爱赏鱼，便冒昧前来，将鱼献于大人，还望大人笑纳。"

公仪休听完，心中好奇，公仪休的夫人也觉纳闷。那子男将手中拎的瓦罐打开，果然见里面有一条小黑鱼，在罐中来回游动，碰得罐壁乒乓作响。公仪休看着这鱼，忍不住用手轻轻敲击罐底，那鱼便更加欢快地游跳起来。

公仪休笑起来，口中连连说："有意思，有意思，的确很有趣。"

公仪休的夫人也觉得别有情趣。子男见状将瓦罐向前一递，道："大人既然喜欢，就请大人笑纳吧，小人告辞——"公仪休却急声说："慢着，这鱼你拿回去，本大人虽说喜欢，但这是你辛苦得来之物，我岂能平白无故收下，你拿回去。"子男一愣，赶紧跪下道："莫非是大人怪罪小人，嫌小人言过其实，这鱼不好吗？"

公仪休笑了，让子男起身，说："哈哈哈，你不必害怕，这鱼也确如你所说奇人亦喜人，我并无怪罪之意，只是这鱼我不能收。"

子男惶惑不解，拎着鱼愣在那里。公仪休夫人在旁边插了一句话："既是大人喜欢，倒不如我们买下，大人以为如何？"

公仪休说好，当即命人取出钱来，付给子男，将鱼买下。子男不肯收钱，公仪休故意将脸一绷，于是子男只得谢恩离去。后来，又有好多人给公仪休送鱼，却都被公仪休婉言拒绝了。

公仪休身边的人很是纳闷，忍不住问："大人素来喜爱鱼，连做梦都为鱼担心，可为何别人送鱼大人却一概不收呢？"

公仪休一笑，道："正因为喜欢鱼，所以更不能接受别人的馈赠。我现在身居宰相之位，拿了人家的东西就要受人牵制，万一因此触犯刑律，必将难逃丢官之厄运，甚至会有性命之忧。我喜欢鱼现在还有钱去买，若因此失去官位，纵是爱鱼如命怕也不会有人送鱼，也更不会有钱去买了。所以，虽然我拒绝了，却没有免官丢命之虞，还可以自由购买我喜欢的鱼。这不比那样更好吗？"

众人听罢，不禁暗暗敬佩。

公仪休身为鲁国宰相，喜欢鱼却能保持清醒，不肯轻易接受别人的馈赠，这实在很难得。

由此可见，有些事表面看来能让人获得暂时的利益，但从长远来看，却会使人"因小失大"，损失惨重。做事灵活的人绝不会被眼前的利益所迷惑。

有一次，美国亨利食品加工工业公司总经理亨利·霍金士突然从化验室的报告单上发现：他们生产食品的配方中，起保鲜作用的添加剂有毒，这种毒的毒性并不大，但长期食用会对身体有害。但是，如果食品中不用添加剂，则会影响食品的鲜度，从而给公司造成一大损失。

亨利·霍金士陷入了两难的境地，到底诚实与欺骗之间他该怎样抉择？最终，他认为应以诚对待顾客，尽管自己有可能面对各种难以预料的后果，但他毅然决定把这一有损销量的事情向社会宣布，说防腐剂有毒，长期食用会对身体有害。

果然，消息一公布就激起了千层浪，霍金士面临着相当大的压力，不仅自己的食品销路锐减，而且所有从事食品加工的老板都联合了起来，用一切手段向他施加压力，同时指责他的行为是别有用心，是为一己之私利，于是他们联合各家企业一起抵制亨利公司的产品。在这种自己食品销量锐减，又面临外界抵制的困境下，亨利公司一下子跌到了濒临倒闭的边缘。

在苦苦挣扎了 4 年之后，亨利·霍金士的公司已经危在旦夕了，但他的名字却早已家喻户晓。后来，政府站出来支持霍金士。在政府的支持下，加之亨利公司诚实经营的良好口碑，亨利公司的产品又成了人们放心满意的热门货，公司也在很短时间里便恢复了元气，而且规模还扩大了 2 倍。也因此，亨利·霍金士一举登上了美国食品加工业龙头的位置。

在诚信与欺骗之间，霍金士没有因为暂时利益而选择欺骗，而是顶住重重压力，退而居守"诚信"。事实证明，他的做法是明智的。实际上，世事往往就是这么奇妙——当眼前利益唾手可得的时候，你一定不要被暂时的利益蒙蔽双眼，不要盲从大流，不要向压力妥协，而要静下心来，守住阵脚，坚定地选择自己认为正确的道路。这样，当大风大浪过去之后，你会发现，你当初的选择竟为你带来了如此巨大的回报。

2 人在江湖：时刻看清脚下的路

不要轻言承诺

轻诺别人，不仅会给自己带来不守信的声誉，更会招致许多麻烦，而且有时还会严重地伤害别人。

低调者做事必须权衡轻重，不揽自己没有能力办到的事。

凡是大包大揽的人终会因思虑不周而自食其果。相反，做事权衡利弊、没有十足的把握不轻易行动的人，才会逐渐走向成功。显然，低调的人属于后者。

公元前 408 年，魏文侯拜乐羊为大将，率领 5 万人去攻打中山国。

当时乐羊的儿子乐舒在中山国做官，中山国国君姬窟利用此一父子关系，一再要求乐舒去请求宽延攻城时间。乐羊为了减少中山国百姓的灾难，一而再，再而三地答应了乐舒的要求。如此3次，3个月过去了，乐羊还未攻城。这时一名叫西门豹的人沉不住气了，询问乐羊为何迟迟不攻城。乐羊说："我再三拖延，不是为了顾及父子之情，而是为了取得民心，让老百姓知道他们的国君是怎样三番两次地失信于人。"果然，中山国国君由于一再失信，失去了百姓的支持，结果一战即败。

反过来，一个信守诺言的人，则往往会成功。

《左传》记载，晋文公时，晋军围攻原这个地方。在围攻之前，晋文公让军队准备3天的粮食，并宣布："如果3天攻城不下，就要退兵。"

3天过去了，原的守军仍不投降，晋文公便命令撤退。这时，从城中逃出来的人说："城里的人再过1天就要投降了。"

晋文公旁边的人也劝说道："我们再坚持1天吧！"

晋文公说："信义，是国家的财富，是保护百姓的法宝。得到了原而失去了信义，我们以后还能向百姓承诺什么呢？我可不愿做这种得不偿失的蠢事。"

晋军退兵后，原的守军和百姓便纷纷议论道："文公是这样讲究信义的人，我们为什么不投降呢？"于是大开城门，向晋军投降。

就这样，晋文公凭着信义，获得了不战而胜的战果。

在生活中，真正聪明的人是不会轻易许下诺言的，与其最终成为失信的人，不如一开始就不对人许诺。

有这么一个故事：

一个商人临死前告诫自己的儿子："你要想在生意上成功，一定要记住两点：守信和聪明。"

"那么什么叫守信呢？"焦急的儿子问道。

"如果你与别人签订了一份合同，而签字之后你才发现你将因为这份合同而倾家荡产，那么你也得照约履行。"

"那么什么叫聪明呢？"

"不要签订这份合同！"

这位商人指明的道理不仅仅适用于商业领域。既然你已经许下诺言，那么不管是什么样的事情，你都不能反悔。假如你已经作了某个承诺，尤其是关于人们的未来及前途方面的承诺，你就必须履行诺言而不能失信。因为你的话将被人们一字不差地牢记在心里，直至它被履行的那一天。

不论在生活上还是工作上，一个人的信用越好，就越能成功地打开局面，事业就做得越好。

那么，当别人有求于我们时，我们又该如何应对呢？

1. 不该办的事绝不能办

在这个世界上，我们毕竟不能独来独往，在办自己的事情时，有时要涉及别人的利益。因此，我们在处理事情的过程中，必须全盘衡量，把握分寸，协调好各方面的利益关系，在争取我们自己利益的同时，绝不能伤害他人。

有些事情，不该办时就不能办，一旦办了，可能就违法、违情、违理，使自己或别人遭受名誉、经济或地位的损害。当有人违背人格信念而托你办事时，你也绝不能贪图一时之利而不负责任地答应他、纵容他，一定要慎重考虑可能引起的后果。

2. 办不了的事就设法推托

一些比较不错的朋友托我们办事时，我们为了保全自己的面子或给对方一个台阶，往往对对方提出的一些要求不加分析地接受。但不少事情并不是你想办就能办到的，有时受各种条件、能力的限制，一些事是很可能办不成的。因此，当朋友提出托你办事的要求时，你首先得考虑这事你是否有能力办成，如果办不成，你就得老老实实地说，我不行。随便夸下海口或碍于情面答应都是于事无补的。

记住，大多数人都喜欢"言出必行"的人，却很少有人会因为你说的一些原因而去谅解你不能履行某一件事。因此，拿破仑说："我从不轻易承诺，因为承诺会变成不能自拔的错误。"

3. 办不好的事还是不办为好

当同事或亲友托你办某事时，当上司委托你做某事时，请你一定不要不假思索地满口应承。至少也要冷静一分钟，在大脑中转一个圈子，考虑这件事自己能不能办得到，办得好。把自己的能力与事情的难易程度以及客观条件是否具备结合起来统筹考虑，然后再作决定。

要知道，如果为了一时的情面接受自己根本无法做到或无法做好的事情，一旦失败了，同事、亲友、上司就不会考虑到你当初的热忱，只会以这次失败的结果来评价你。

与人相交要掌握分寸

常言道："人心隔肚皮。"世间种种无中生有的把戏，两面三刀的伎俩真是让人"防不胜防"。因此，与人相交要把握分寸，在没弄清对方的底细之前，绝不能掏出你的心来。

1898 年，以康有为、梁启超为首的维新派，在中国掀起了轰轰烈烈的维新变法运动。

这场变法运动不久便演变成了以光绪帝为首的维新派和与慈禧太后为首的顽固派之间的权力之争。在这场争斗中，光绪帝感到自己的处境非常危险，便写信给维新派人士杨锐："我的皇位可能保不住，你们要想办法搭救。"维新派为此都很着急。

正在这时，荣禄手下的新建陆军首领袁世凯来到北京。袁世凯在康有为、梁启超宣传维新变法的运动中，明确表态支持维新变法运动。所以康有为曾经向光绪帝推荐过袁世凯，说他是个了解洋务又主张变法的新派军人，如果能把他拉过来，荣禄——慈禧太后的主要助手——的力量就小多了。光绪帝认为变法要成功，非有军人的支持不可，于是在北京召见了袁世凯，封给他侍郎的官衔，旨在拉拢袁世凯为自己效力。

当时康有为等人也认为，要使变法成功，要解救皇帝，只有杀掉荣禄。而能够完成此事的人只有袁世凯，所以谭嗣同后来又深夜密访袁世凯。袁世凯当时慷慨陈词，说杀荣禄就像杀条狗。但事实上，他是个诡计多端、善于见风使舵的人，康有为和谭嗣同都没有看透他。他早就搭上了慈禧太后这条线。所以，他决定先稳住谭嗣同，再向荣禄告密。

不久，袁世凯便回天津，把谭嗣同夜访的情况一字不漏地告诉了荣禄。荣禄吓得当天就到北京颐和园面见慈禧，报告光绪帝如何要抢先下手的事。

第二天天刚亮，慈禧就怒气冲冲地进了皇宫，把光绪帝带到瀛台幽禁了起来，接着下令废除变法法令，又命令逮捕维新变法人士和官员。就这样，变法经过103天的艰难历程，最终失败了。谭嗣同、林旭、刘光第、杨锐、康广仁、杨深秀在北京菜市口被杀。

小人不可交，他们惯会当面一套，背后一套；过河拆桥，不择手段。他们很懂得什么时候摇尾巴，什么时候摆架子；何时慈眉善目，何时如同凶神恶煞一般。他们在你春风得意时，即使不久前还是"狗眼看人低"，也马上便会趋炎附势、笑容堆面；而当你遭受挫折、风光尽失后，则会避而远之，满脸不屑的神气，甚至会落井下石。

"害人之心不可有，防人之心不可无"，世界往往不如你想象的那样美好，只有谨慎的人才可能闯过生活中的沟沟坎坎，不断享受美好的人生。

张丽是某化妆品公司的业务骨干，她的业绩一直非常突出，与上司丁姐的关系也很亲密。新来的业务员小洁被安排到张丽带领的这个小组。小洁很年轻，一副单纯简单的模样，和张丽很谈得来，两人很快成了好朋友。

一次，张丽因为疏忽，在工作中出了一点小差错。要求严格的丁姐严厉地批评了她。张丽有些不服气，一整天都板着脸不说话。吃午饭的时候，小洁把丁姐大骂了一顿，似乎早就看不惯那个"老女人"独断专横的作风。话虽然有点儿过分，但还是让张丽心里舒服了一些，她忍不住跟着骂了几句。

这件事张丽并没有放在心头，但不久，她却发现许多重要客户都不再和自己联络了。最令人震惊的是，小洁的桌上竟然摆着这些客户的详细资料。张丽愤怒地找到丁姐，没想到丁姐冷淡地说："自己的工作没做好，就不要抱怨别人。还有，有意见可以当面跟我谈，不用背后议论。"

一瞬间，张丽明白了一切，但气愤和后悔早已于事无补。几天后，她便离开了这家公司。

张丽的错误在于识人不清，没有看到对方亲切的表面下包藏的祸心，结果错误地将心存歹意的小人当作朋友，留下了可以为人利用的"把柄"，掉进了人家挖好的陷阱。

荀子在论人性时说："人之性恶，其善者伪也。"这固然有些偏激，但现实生活中的确要在与人打交道时谨慎小心一些，对交往不深的人不妨多点儿戒心，考虑一些防患对策，为自己留些"逃生"的余地，这样才不至于在事情发生之际追悔莫及。

说话办事，要给人留有余地

我们都知道，每个人的智慧、经验、价值观、生活背景都不相同，因此与人相处，争斗是难免的，不管是利益上的争斗还是是非的争斗。

在我们周围，常常会遭遇这样那样的争斗和竞争，即使你无意"过招"，但在别人的不断逼迫下，你还是会不由自主地陷入争斗的旋涡。而大部分的人一陷身于争斗的旋涡，便"一发不可收拾"，一方面为了面子，一方面为了利益，因此一得了"理"便不会饶人，非逼得对方鸣金收兵或竖白旗投降不可。然而"得理不饶人"虽然会让你暂时吹着胜利的号角凯旋，但也会成为下次争斗的前奏——"战败"的对方失去了面子和利益，他当然要"讨"回来。如此"你来我往"，其结果只能是纠纷不断、两败俱伤。

其实，在面对别人无理的触犯时，你最好以海纳百川的胸怀对待对方的反对。虽然"得理不饶人"是你的权利，但何妨"得理且饶人"？放对方一条生路，让对方有个台阶可下，为他（她）留点儿面子和立足之地，对自己是会好处多多的。

一次，胡雪岩到苏州的永兴盛钱庄兑换20个元宝急用。这家钱庄不仅不给他及时兑换，还凭白诬指他所持的阜康银票没有信用，使他受了一点儿气。

这永兴盛钱庄本来就来路不正。原来的老板节俭起家，干了半辈子才创下这份家业，但40出头就病死了，留下一妻一女。现在钱庄的档手是实际上的老板，他在东家死后骗取那寡妇孤女的信任，人财两得，实际上已经霸占了这家钱庄。永兴盛的经营也有问题，他们贪图重利，只有10万银子的本钱，却放出20几万的银票，已经岌岌可危了。

胡雪岩在这家钱庄无端受气，自然想狠狠整它一下。起先他想借用京中"四大恒"排挤义源票号的办法。京中票号，最大的有4家，招牌都有一个"恒"字，故称为"四大恒"。行大欺客，也欺同行。义源本来后起，但由于生意迁就随和，信用又好，而且专跟市井细民打交道，生意一下子做得很盛，后来连官场中都知道了它的信誉，因此生意蒸蒸日上。"四大恒"同行相妒，想打击义源，于是出了一手"黑"招——他们暗中收存义源开出的银票，又放出谣言说是义源面临倒闭，终于造成了挤兑风潮。

胡雪岩仿照这种办法，实际上可以比当年"四大恒"排挤义源时做得更方便也更狠。浙江与江苏有公款往来，胡雪岩可以凭自己的影响，将海运局分摊的公款、湖州联防的军需款项、浙江解缴江苏的协饷等几笔款子合起来，换成永兴盛的银票，直接交江苏藩司和粮台，由官府直接找永兴盛兑现。这样一来，永兴盛不倒也得倒了，而且这一招借刀杀人，一点儿痕迹都不留。

不过，胡雪岩最终还是放了永兴盛一马，没有去实施他的报复计划。他放弃计划，有两个考虑，一个考虑是这一手实在太辣太狠，一招既出，永兴盛绝对没有一点儿生路。另一个考虑则是这样做只是徒然搞垮永兴盛，自己却劳而无功。这样一种损人不利己的事情，胡雪岩也不愿意做。

从这件事情中，我们确实可以看到胡雪岩为人宽仁的一面。永兴盛既来路不正又经营不善，实际是一个强撑住门面唬人的烂摊子，即使将它一击倒地，也不会有多少人同情，可能还为钱庄同业清除了一匹害群之马。但胡雪岩还是下不得手去，足见他所说的"将来总有见面的日子，要留下余地，为人不可太绝"并不是口头上说说而已，而是确确实实是这样去做的。这其实可以看作是胡雪岩的一条为人准则。

这期间自然有胡雪岩对于自身利益的考虑在起作用，所谓将来总有见面的机会，事情做得留有余地，也就为将来见面留有了余地。事实上，对于人生来说，这样考虑也是十分必要的。丘吉尔说过，没有永远的朋友，也没有永远的敌人，无论竞争多么激烈的对手，竞争过后都会有联合的可能。因此，竞争总是存在的，而"见面"的机会也总是存在的。生意场上有这么一句话："给人一活路，给己一财路。"做人也应该把目光放远一些，这样人生之路才会越来越宽。

3 祸从口出：一定要把好嘴上这道门

闲来莫论他人非

现代社会纷繁复杂，以一个小小的个体去防备各式各样的人组成的群体，不是一件简单的事情。

俗话说："祸从口出。"在与人交往的时候，一定要注意说话的内容、分寸、方式和对象，要多听少说。如果不注意，想说什么就说什么，想怎么说就怎么说，只图一时痛快，不注意隔墙有耳，往往容易招惹是非，授人以柄。

如果想顺利地走上成功之路，首先应该安身立命，适应环境，只有适应了环境才能改变环境，才能为自己的成功创造环境。但是如果你说话的时候不注意，让别人抓住自己的把柄和漏洞，同事当中的小人很可能就把这些当作为你设置陷阱的材料，必要的时候让你陷进去。

所以，要防备别人为你制造不必要的事端，就要学会多听少说。况且，一个毫无城府、喋喋不休的人会显得浅薄俗气，会给人缺乏涵养的印象。

西方有这样一句很有哲理的话：上帝之所以给人 1 张嘴巴 2 只耳朵，就是要人多听少说。中国古代有一句箴言：大辩若讷。这些话都是很有道理的。

在人际交往中，要想不惹是生非、消灾灭祸，就要做到谨言慎语。谨言，不是不说话，而是该说的说，不该说的不说。慎语，就是考虑好了再说。

俗话说：善言一语三九暖，恶语伤人六月寒。人与人之间的交流应平等地进行，说话和蔼，善解人意，不能居高临下。惯于伶牙利齿、语不饶人的人更应谨言慎语，以免惹是生非。这是一种修养。不问青红皂白的直言快语，轻则使人下不来台，重则造成隔阂。有的人工作辛辛苦苦，能力也不差，就是被打不了满分，究其根源就是在那张嘴上。相反，有的人工作、能力均非一流，但因言语、举止得体而颇有人缘。

"闲谈莫论他人过"。背后议论人，早晚有一天会传到当事人耳中，且经过多次转播之后，原话早已走样。当事人听到的是夸张了的版本，结果也就不言而喻了。发牢骚也是一样。遇到不平事，通过发牢骚取得心理平衡本无可非议，但牢骚太盛则往往会偏激。特别是有针对性的，以大家都熟悉的人为目标的牢骚，结果常常会遭人怨恨。

抱怨之辞切勿乱发

富有智慧的人都是善于克制自己的，他们说话做事谨慎小心，绝不会轻易抱怨，更不会傻傻地逢人就抱怨，因为这样做很容易将自己置于不利地位。舌头如同一头笼中野兽，如果不小心让它溜出来，就很难让它重新回到笼子里去。

语言是心灵的信使，聪明的人可以根据言辞来判断和品评他人，以便决定如何与之相处和合作；而别有用心的人则会通过你的话语来探测你内心的秘密，听一些弦外之音，居心叵测地加以利用。舌头是我们身体上一个很小的器官，但是如果不把这个好动的小家伙管理好，它就很容易毁了我们全身。在中国古代，有不少人就吃了自己舌头的亏。

南北朝时，贺若敦为晋的大将，他自以为功高才大，所以不甘心居于同僚们之下。看到别人做了大将军，唯独自己没有被晋升，他心中十分不服气，口中多有抱怨之词。

不久，他奉调参加讨伐平湘洲的战役。打了胜仗之后全军凯旋，这应该算是为国家又立了一大功吧！他自以为此次必然要受到封赏，不料由于种种原因，他反而被撤掉了原来的职务。为此他大为不满，对传令史大发怨言。

晋公宇文护知道了以后，十分震怒，把他从中州刺史任上调回来，迫使他自杀。临死之前他对儿子贺若弼说："我有志平定江南，为国效力，而今未能实现，你一定要继承我的遗志。我是因为这舌头把命都丢了，这个教训你不能不记住呀！"说完，他便拿起锥子，狠狠地刺破了儿子的舌头，想让他记住这血的教训。

光阴似箭，斗转星移，转眼几十年过去了，贺若弼也做了隋朝的右领大将军。但他没有记住父亲的教训，常常为自己的官位比他人低而怨声不断，自认为当个宰相也是应该的。不久，还不如他的杨素做了尚书右仆射，而他仍为将军，未被提拔。为此，他气不打一处来，不满的情绪和怨言便时常流露出来。

后来一些话传到了皇帝耳朵里，贺若弼便被逮捕下狱了。

在事业成功的过程中，一言一行都关系着个人的成就荣辱，所以言行不可不慎。

　　不论什么时候，在公共场合，说话时都要注意分寸。没有考虑周到的话，最好少说。

　　杨涛被推荐到一所公司就任部门经理。在过去的工作岗位上，杨涛的工作得心应手，无论是业绩还是人际关系都非常理想。但刚刚来到一个新的环境，他觉得有些不适应，上任几个月始终不能摆脱过去公司的"痕迹"，所以总忍不住拿过去公司的种种优势同现在公司的种种劣势作比较。尤其在公司会议上，他每次都要不停地谈到过去公司的状况，"我们过去如何如何"几乎成了他的口头禅。久而久之，他发现许多同事对他总是敬而远之，他用了一些心思也没能够改善自己被"冷藏"的状况。直到一个偶然的机会，他听到几个女同事在背后议论，"那个人真虚伪，既然过去的公司那么好，干吗跳槽过来呢？"他这才醒悟过来，开始注意自己的言谈举止。可惜他已经给大多数人留下了恶劣印象，想在短时间内让大家接受他实在是太难了。

　　杨涛在跳槽后，还残留着对过去工作环境的"留恋"，尤其是遇到一些不太如意的事情，就"触景生情"、"借古讽今"，这本来无可厚非，但他错误地让这种负面情绪从自己的言谈中流露了出来，一味地回顾过去，不免令人生厌。跳槽从某种意义上可以说是对过去企业的"背叛"，既然已经"移情别恋"，又何必藕断丝连、旧情难忘呢？过去不必留恋，今天才更重要。杨涛没有注意这一点，结果给大家留下一个虚伪的印象。

　　言语谨慎对一个人立身、处世具有很重要的意义。特别是人多的场合，一旦失言，"说者无心，听者有意"，你的话就可能伤害到某个人，从而给你带来意想不到的恶果。

　　有的人在白天工作时受到上级没有道理的一顿批评后，喜欢晚上约个同事小喝一杯，然后对着同事发牢骚。他们认为同事既然和自己喝酒了，就应该站在自己这一方，于是就借着酒气对上级大肆抱怨起来。类似这种事情一定要避免。要知道这些飞短流长是职场中的"软刀子"，是一种杀伤性和破坏性很强的武器。这种伤害可以直接作用于人的心灵，它会让受到伤害的人嫉恨。要是你非常热衷于传播一些挑拨离间的流言，至少你不要指望其他同事能热衷于倾听。经常性地搬弄是非，会让单位上的其他同事对你产生一种避之唯恐不及的感觉。要是到了这种地步，相信你在这个单位的日子也会不太好过，因为到那时已经没有同事把你当回事了。

第七章
鹰立如睡，虎行似病

　　鹰者天之威，虎者地之雄。但威武若此的动物却时常扮作一副没精打采、有气无力的模样，用以迷惑猎物。待时机成熟之时，霹雳惊雷，以迅雷不及掩耳之势攻击对手，打败对方。自然界如此，人类社会亦然。在生活中常见弱者争风吃醋，而强者反倒装龟扮弱。看来，低调做人更是强者的哲学，用以谋求生存和奋发图强。

示人以弱乃低调做人的大智慧

示短制长，扮弱胜强

善于以退为进的人往往能做到进退相宜，能屈能伸，有时候表面上看起来有些软弱，却也是柔中带刚，远胜于表面上的强硬。

战国时候，有一次赵王派孔青带领大军救援禀丘。孔青是员猛将，加上足智多谋的宁越辅佐，所以赵军一战大败齐军，击毙了齐军统帅，并俘获战车 2000 辆。看着战场上留下的 3 万具齐军尸体，孔青决定把这些尸体封土堆成 2 个大高丘，以此彰明赵国的武功。

宁越劝阻道："这样做太可惜了，那些尸体可以另有用处。我看不如把尸体还给齐国人。这样做可以从内部打击齐国，从而让齐军不再侵犯！"

"死人又不可能复活，怎么能从内部打击齐国呢？"孔青想不通了。

宁越说："战车铠甲在战争中丧失殆尽，府库里的钱财在安葬战死者时用光了，这就叫作从内部打击他们。我听说，古代善于用兵的人，该坚守时就坚守，该进退时就进退。我军不如后退 30 里，给齐国人一个收尸的机会。"

孔青大致明白了宁越的用意，但转念一想又说："但是，齐国人如果不来收尸的话，那又该怎么办呢？"

"那就更好了，"宁越胸有成竹地说，"作战不能取胜，这是他们的第 1 条罪状；率领士兵出国作战而不能使之归来，这是他们的第

2 条罪状；给他们尸体却不收取，这是他们的第 3 条罪状。老百姓将会因为这 3 条而怨恨齐国的高官将领。居于高位的人无法役使下面的人，而下面的人又不愿侍奉居于上位的人，这叫作双重打击齐国！"

"好，还是您技高一筹啊！"孔青终于完全理解了宁越的良苦用心。

果然不出宁越所料，齐国因此而元气大伤，很长一段时间不能对外用兵。

宁越的主张看起来好像并不是那么咄咄逼人，相反，似乎还有点儿软弱，在向齐国让步。殊不知，这"让步"里面却大有文章，表面上的退步其实换取的是更大的进步。

唐肃宗年间，唐将郭子仪奉命收复被叛军占据的都城长安（今西安）后又率军乘胜东进，兵指洛阳。

屯兵洛阳的安庆绪听说郭子仪率军前来攻打，急忙派大将庄严、张通儒带领 15 万大军迎战。叛军在新店（今河南省陕县西）与唐军相遇。新店地势险峻，山高壁陡，叛军依山扎营，居高临下，对唐军很不利。郭子仪决定趁叛军立足未稳之机，选派 2000 名英勇善战的骑兵向敌营冲击，再派 1000 名弓箭手埋伏山下，并令协助作战的回纥军从背后登山偷袭，自己则率主力与叛军正面交战。战斗打响后，叛军从山上猛冲下来，郭子仪佯装败退，且战且退。叛军大喜，倾巢出动，企图一举消灭唐军。战斗到黄昏，暮色苍茫，叛军伤亡数万，余者也精疲力竭。这时，突然杀声如雷，唐军埋伏的弓箭手像神兵一般从四面而起，只见万箭齐发，无数的箭矢像雨点一样射向敌群。郭子仪指挥主力又回军猛烈反击。这时，叛军的背后突然传来高呼声："回纥兵来了，快投降吧！"叛军前面被围，左右遭打，进不得，退不能，风声鹤唳，草木皆兵。在唐军和回纥军的夹击下，叛军一败涂地。庄严拼命逃回洛阳，急忙向安庆绪建议弃城北走。安庆绪只得放弃洛阳，北渡黄河，退守相州（今河北成安一带），洛阳遂告收复。

"要想刚，一定要用柔来守住它；要想强，一定要用弱来保持它，柔积得多必然刚，弱积得多必然强。看他所积的是什么，就知道他所得到的是福还是祸。用强来取胜于不及自己的，等到其能与己相匹敌时就易于损伤；用柔来取胜于超过自己的，那种力量是不可估量的。"所以，在现实中我们要能屈能伸，该屈时就要屈。那种一味要强、只进不退的人，表面英勇，实则成事不足，败事有余。

欲扬先抑，欲擒故纵

"欲擒故纵"，就好比很擅长钓鱼的人，把大鱼诱上钩之后，一般都不忙收线扬竿，让鱼立即到手。因为这样做不但抓不到鱼，还可能让鱼脱钩跑掉，或把钓竿折断。他们会不慌不忙地拢一拢线，缓缓把鱼往岸边拉；看到大鱼挣扎，就又放松钓线，让大鱼误以为自己是自由的，然后再又慢慢收紧钩线。就这样一松一紧，等到大鱼被耗尽了体能，无力挣扎之时，才将它拉到岸边，捉到岸上。钓鱼人使用的这个方法，就是"欲擒故纵"的一种方式。当然，它的方式和变化是多种多样的。

欲擒故纵就是为了更有利于得到自己想要的东西，而在表面上假装不想得到这种东西，以麻痹和迷惑对方。这是一种很奇妙的计策，让我们来看看历史上著名的"郑伯克段于鄢"的故事，或许会对我们有所启发。

春秋时郑国的武公有一位皇后叫武姜。武姜有 2 个儿子，长子生时难产，武姜受到惊吓差点儿丧命，因此她给此子取名寤生，非常的不喜欢他。

后来，武姜又生了一个儿子，叫共叔段。共叔段生得一表人才，人也聪明，很得武姜的喜欢。寤生是长子，自然将来要继承王位，但武姜却不断地在武公面前夸赞段，希望武公能改立太子。武公二十七年，郑武公病危，武姜欲请武公立段为太子，武公不同意。同年，武公去世，寤生即位，是为郑庄公。

姜氏见到自己最喜欢的次子屈居在一个小城，毫无权势，心里很不舒服。共叔段也想通过母亲的帮助取庄公的王位而代之。

于是，姜氏便对庄公说："你今日继承了父业，掌有整个国家，而同胞的弟弟却困守在一个偏僻的小城里，你就给弟弟一块封地吧。"

庄公答应了，说除了国家的军事重镇外，共叔段可以在国内随便选择封地。于是，武姜帮共叔段挑了"京"这个地势险要、经济发达的城市。

然而，庄公封京城于段，大臣们一直颇有异议，认为不妥。而共叔段到了京城以后，又大肆招兵买马，扩充军队，严加训练，且经常行军打猎。这还只是其一，共叔段一面加强军备，另一方面又大修城墙，将京城的城墙扩大，同时又加高加厚。这让庄公的大臣们更加感到忧虑。大夫祭足对郑庄公说："分封的都城如果超过了300方丈（约合3333平方米），那就将成为国家的祸害。先王的制度规定：国内最大的城邑不得超过国都的1/3；中等的不得超过它的1/5；小的不能超过它的1/9。现在，京城太叔段将京城的城墙如此扩建，是不合乎规矩的，这不是先王的制度。让事情再发展下去，您将会控制不住的。"庄公却说："是姜氏要这样做的，我又怎能躲开这种祸害呢？"大夫祭足回答说："姜氏哪有满足的时候呀！不如及早处置，别让祸根滋长蔓延，以免除后患。蔓延开来的野草尚且不能铲除干净，何况是您受宠爱的弟弟呢？"郑庄公这时才说了一句："多行不义必自毙，子姑待之。"

过了不久，共叔段将原来属于郑国的西边与北边的边邑也划归己有，事后又明目张胆地将两属的边邑改为自己统辖的地方，一直扩展到廪延。子封感到很惊慌，就跑去对庄公说："我们可以行动了！京城太叔的土地在不断地扩大，那就会占据更多的人口，势力也将更加扩大，到那时可就难以对付了。"可是庄公仍然不动声色地说："做不义的事情，得不到人民的拥护，越是土广人众，他灭亡得就越快。"

后来，共叔段修治城郭，聚集百姓，修整盔甲武器，准备好了兵马战车。当时，郑庄公恰好要到周天王那里去。于是武姜认为机会来了，便秘密派人带信给段，要他在五月初起兵袭郑。四月下旬时，公子吕将姜氏派去送信的人抓住，并搜获了姜氏写给段的密信。庄公看了密信后说："自作孽的人，必会自食其果的！"便另外差遣一名心腹假称是姜氏的亲信，把信送给共叔段，并得到共叔段的回信，说及决定在五月五日起事，请于城楼上竖起一面白旗以便接应等语。

庄公将共叔段反叛的回信拿在手中，大喜道："证据在此，看你还有什么话好说！"说罢立即入宫辞别母亲，率领仪仗队，浩浩荡荡地出发了。而公子吕也已将兵马悄悄部署在京地附近。

共叔段自从接到姜氏的密报后，便开始准备。他先派儿子公孙滑到卫国去借兵，自己则动员所有属军，假托庄公出国，前往都城监政。祭旗犒军之后，他便得意扬扬地向都城进军了。共叔段出城不久，公子吕即乘京城空虚之机轻松占领了京城，并出榜安民，揭发共叔段图谋叛乱的阴谋。得到京城失陷消息的共叔段赶紧率兵回返，准备攻城。可是这时军心已经开始动摇，士兵们交头接耳，议论纷纷，都说共叔段心怀不轨，要篡权叛乱。于是顷刻之间，兵士散去大半。这下共叔段着了慌，他忙率领残兵跑到鄢城去，想再重新招兵买马，以图东山再起。不料庄公早已提前占领了鄢城，此路行不通。不得已他又跑回自己过去的封地共城去闭门坚守。但庄公和公子吕的两路大军已将共城团团围住，区区一个小城无险可守，怎抵挡得住两路大军的夹攻呢？这时共叔段感到已是无路可走，便只好自刎而亡。

听到弟弟自杀的消息，郑庄公立即抱尸痛哭，抱怨弟弟不应该自杀，说纵使犯了错误，做哥哥的也会原谅他的。他的举动引起了大家的注意，再一次赢得了人心。大家都认为他是一位好兄长，庄公的地位从此也就得到了进一步的巩固。《春秋》将这一事件记载为："郑伯克段于鄢。"

《老子》第三十六章写道："将欲歙之，必固张之；将欲弱之，必固强之；将欲废之，必固兴之；将欲夺之，必固与之。"人生中，我们若能有效运用"欲扬先抑"、"欲擒故纵"的计策，就会取得意想不到的良好效果。

2 攻人以谋不以利，用兵斗智不斗勇

君子不喜诈谋，亦不可不识诈之为谋

提起"诈谋"，人们常常把它看作贬义词。其实，"诈谋"本身并无褒贬之分，只因为操纵诈谋的人不同，使用的目的不同才有了区别。自古以来，许多正人君子常常对于手段、计谋不屑一顾。其实这不是一种明智之举。小人用诈以图己利，这确实为人不齿，但君子用诈，却可以使它发挥利国利民的巨大作用。当然，无论你用与不用，识诈知谋都是很有必要的。

在三国时代各个军事集团之间的争斗中，施谋用诈的情形较为普遍。包括曹操、孙权、刘备在内，群雄之间你诈我，我诈你，诈中有诈，诈外有诈，花样繁多，"诈"得人眼花缭乱。《三国演义》第五十一回就为我们上演了一场精彩的"三角诈"。

赤壁之战后，南郡因其战略位置重要成了兵家必争之地。曹操败退之时，留曹仁镇守。首先来进攻的是东吴都督周瑜。周瑜因刚破曹操，气势正锐，小试牛刀，未费吹灰之力就夺取了南郡旁边的小城——彝陵，然后便集中全部兵力安营扎寨于南郡周围，准备攻城。曹仁深感形势危急，便拆开曹操预先留下的锦囊，照计行诈。曹仁传令五更造饭，"平明，大小军马，尽皆弃城，城上遍插旌旗，虚张声势，军分三门而出"。第二天，周瑜看见城墙虚设旌旗，无人守护，又见出城军士"腰下各束包裹"，"暗忖曹仁必先准备走路"，便亲自引军取城，突破出城曹军的阻截，直至南郡城下。被杀散的曹军都不入城，而是望西北而走。周瑜见城门大开，城墙上仍然无人，就下令让众军抢城。"数十骑当先而入，瑜在背后纵马加鞭，直入瓮城"。突然"一声梆子响，两边弓弩齐发，势如骤雨，争相入城的，都挤入陷坑内。周瑜急勒马回时，被一弩射，正射中左肋，遂翻身落马。牛金从城中杀出，来捉周瑜，徐盛、丁奉二人舍命救去。城中曹兵突出，吴兵自相践踏"。城外的曹仁、曹洪分兵两路杀回，吴兵大败。

吃了这么大的亏，周瑜岂肯就此作罢？他决定以诈还诈，实施报复。不等箭伤痊愈，就披甲上马，迎战骂阵的曹兵。即将交战时，"周瑜忽然大叫一声，口中喷血，坠于马下"，众将挡住冲来的曹兵，救起周瑜，回到帐中。程普问："都督贵体如何？"周瑜悄悄地对程普说："此吾之计也……吾身本无痛楚。吾所以为此者，欲令曹兵知我病危，必然欺敌。可使心腹军士去城中诈降，说吾已死。今夜曹仁必来劫寨，吾却于四下埋伏以应之，则曹仁可一鼓而擒也。"于是东吴营内报丧举哀，各寨尽皆挂孝。曹仁得知周瑜阵前吐血坠马的消息，又有东吴"降"卒报说周瑜已死，大喜过望，心说此乃天助我也。便亲自挂帅，引兵来劫寨。谁知结果中了埋伏，他被周瑜杀得大败，不敢再回南郡，只得奔襄阳而去。至此，人们一定以为南郡非周瑜莫属，谁知又出了变故。

周瑜收住得胜之军，径到南郡城下，见城墙上旌旗布满，敌楼上一员大将高叫："都督少罪，吾奉军师将令，已取城了。吾乃常山赵子龙也。"这是刘备、诸葛亮施诈的结果。原来，早在周瑜用兵之前，刘备、诸葛亮就已抢先率兵到了油江口，志在取南郡。但考虑对手风头正健，暂时还不宜以强碰强，便决定以逸待劳，"坐山观虎斗"。周瑜曾到油江口问刘备："豫州移兵在此，莫非有取南郡之意？"刘备依照诸葛亮事先的交代，回答说："听说都督要取南郡，故来相助。若都督不取，备必取之。"周瑜胸有成竹："吾东吴久欲吞并汉江，今南郡已在掌中，如何不取？""吾若取不得，那时任从公取。"就这样，刘备把南郡让给周瑜先取，使其消除戒心，奋力攻打曹仁。谁知刘备、诸葛亮并未完全信守诺言，虽未先于周瑜去取，却先于周瑜取到了手。在周曹相争中，刘备不费吹灰之力便坐收了渔人之利。

只要谈到计谋，我们就无法不想到三国时的诸葛亮。诸葛亮是一个运筹帷幄、善用计谋的人，所以他处处占尽先机、占尽上风，被后人称为用计圣祖。

诸葛亮因误用马谡而错失街亭，魏大将司马懿乘胜追击，引大军15万向诸葛亮所在的西城蜂拥而来。当时，诸葛亮身边没有大将，只有一班文官，所带领的5000军队也有一半运粮草去了，只剩2500名士兵在城里。众人听到司马懿带兵前来的消息都大惊失色，诸葛亮却登城观望，对众人说："大家请勿惊慌，我自有计谋教司马懿退兵。"

于是，诸葛亮传令，把所有的旌旗都藏起来，士兵原地不动，如果有私自外出或大声喧哗者，立即斩首。又让士兵把4个城门打开，每个城门上派20名士兵扮成老百姓的模样，洒水扫街。自己则披上鹤氅，戴上高高的纶巾，领着2个小书童，带上1把琴，到城楼上观敌楼台前凭栏坐下，并点燃香，然后优雅地抚琴。面对千军万马，看样子他完全是胸有成竹、从容不迫。

司马懿的先头部队到达城下，见了这种阵势，都不敢轻易入城，便急忙返回报告司马懿。司马懿听后笑着说："这怎么可能呢？"于是，便令三军停下，自己飞马前去观看。离城不远，他果然看见诸葛亮端坐在城楼上，正在焚香弹琴。左面1个书童，手持宝剑，右侧1个书童，手里拿着拂尘。城门里外，约20多个百姓模样的人在低头扫地，旁若无人。司马懿看后，疑惑不已，于是便来到军中，令后军充做前军，前军做后军撤退。他的次子司马昭说："莫非诸葛亮城中无兵，故意弄出这个样子来？父亲您为何退兵？"司马懿说："诸葛亮一生谨慎，不会冒险。现在城门大开，里面必有伏兵。我军如果进去正好中了他们的计，还是快快撤退吧！"于是，各路兵马都退了回去。

直到撤离西城远了些，司马懿才心有余悸地解释："诸葛亮这个人和我打过多年仗了。他一生最是谨慎，从不做没把握的事，更甭说干冒险的事了！今天大开城门，故意显出是座空城，让我们白白攻下并轻易把他捉住，这里肯定有埋伏，是个骗局！我军若贸然进城，必中埋伏。"

司马师问："父亲一直凝听静立，但并无动静，您为什么突然撤军呢？"

司马懿冷笑："当统帅、做大将的人，必须善于观察天地之间的运行变化，了解人间世上的各种知识！我听到诸葛亮的琴音，初始平和恬淡，后却突然昂扬激烈，渗出一股杀机！分明是要动手、出兵了！再不走，让他围住，四面挨打不成？！"

司马师及众将觉得有理，但仍不十分信服。不料才走不远，刚进入武功山，就听得山坡后杀声震天，鼓声动地，伏兵顿起。众将大惊。司马懿道："刚才若不及时撤退，必中其计了！"话音未落，只见旁边大道上一军杀来，旗上大字写着："右护卫使虎翼将军张苞。"

一见是西蜀有名战将、当年威震寰宇的张飞张翼德的儿子打杀过来，魏兵心惊胆战，纷纷弃甲抛戈而逃。

逃不多远，山谷中又杀声四起，鼓角喧天，尘埃万丈。一杆大旗上写着："左护卫使龙骧将军关兴。"魏兵一见是关云长之子，更是魂飞魄散，哪敢接战？当时战争之地本是山地，喊声杀声因在谷中回荡，似乎漫山遍野均有蜀国兵马。再加上烟尘大起，蔽日遮天，内中旗帜招展，刀枪闪耀，更似乎是天兵天将！

魏军不敢久停，忙丢掉辎重粮草，仓皇而逃。

张苞、关兴也不追赶，只将魏军丢弃的辎重物资拣起，迅速撤退了。

再说西城中的诸葛亮，见司马懿带兵急忙退去，轻轻长吁一口气，用手拭去额上的冷汗，笑了起来。

诸葛亮笑道："兵法云，知己知彼，方可百战不殆。司马懿知我一生谨慎，从不弄险，所以见今天这情况，就判断我在用计，骗他入城，这才慌忙退走了。而我知司马懿了解我的这一贯作风，所以便借用这种心理而乘机算计了他！也是知己、知彼才敢如此啊！若换成司马昭或曹操统兵，我绝不会如此的！"

众人叹服。

事后，当司马懿得知自己中了诸葛亮的"空城计"而错失良机时，也还是禁不住叹服道："诸葛孔明之才，我不如也！"

毫无疑问，欲成大事必善用计。对于低调者而言，低调远远不只是明哲保身的策略，它更是成大事必备的一大素养。低调者绝非大大咧咧、横冲直撞之徒，他们稳重内敛，知计用计，能于世事纷扰中保持冷静的思索，于光怪陆离间把握事态的本质所在。当然，善用谋略并非轻而易举之事，低调者要想"运筹帷幄"，还有许多东西有待你去学、去悟。

诈亦非易也，术不精则败

天下想做大事的人何其之多，学诈用诈的人何其之多，但古今成事之人又何其之少！这说明了什么？"诈亦非易也，术不精则败"。

曹操大军顺流东下，直取东吴，孙权命周瑜率水军迎战。曹操的青、徐之兵不习水战，因此荆州降将蔡瑁、张允因"深得水军之妙"而被曹操任命为水军都督。周瑜在暗地里窥探过曹营以后，心中十分忧虑，觉得非除此二人不可，否则难以取胜。

曹操初到江南，曾被吴军打败了一次，心中阴影盘旋不去。时又闻周瑜窥探过曹营，正愁不知以何计破之。此时，蒋干前来献计曰："吾自幼与周郎同窗交契，愿凭三寸不烂之舌，往江东说此人来降。"曹操大喜，问："子翼与周公瑾相厚乎？"蒋干回答说："丞相放心。我到江东，必定成功。"于是，曹操便派他前往游说周瑜来降。蒋干葛巾布袍，驾一只小舟，只带一小童前往，径到周瑜寨中，等候传报。周瑜正在帐中议事，听说蒋干到了，就笑着对众将领说："曹操的说客到了。"于是他小声与众将附耳低言，让诸将领看其眼色行事。

周瑜整理衣冠，与众将从帐中走出，直呼："子翼良苦，远涉江湖，为曹氏做说客耶？"

蒋干一听感到惊讶，连忙矢口否认说："你我多年不见，此番前来看望你，怎么说我是说客呢？"周瑜笑道："我虽然不算聪明，但是这点儿事情还是能看出来的。"蒋干无奈，只好说："足下待故人如此，便请告退。"周瑜便笑着挽住蒋干的胳膊说："我只是担心兄长是为曹操来做说客嘛！既无此心，又何必急着回去呢？"如此，弄得蒋干进退两难，只好见机行事。

为了使蒋干放松警惕，周瑜故意让江东英杰出来与子翼相见。

周瑜说："此吾同窗契友也。虽从江北到此，却不是曹家说客，大家不要猜疑。"并将自己随身的佩剑交给太史慈说："你可以佩带我的剑作监酒，今日饮酒，只是与朋友叙交情。所以如果有提起曹操与东吴军旅之事的人，即斩之。"太史慈应诺，按剑坐于席上。蒋干惊愕，不敢再轻易行游说之事。周瑜说："吾自领军以来，滴酒不沾，今日见了故人，又无疑忌，一定要痛饮一番。"说罢，大笑畅饮，座上觥筹交错。

至夜深，蒋干推辞曰："不胜酒力矣。"于是，周瑜命令大家撤席，诸将辞出。周瑜说："我已经很久没和子翼同榻，今宵抵足而眠。"于是佯作大醉之状，携蒋干入帐共寝。周瑜和衣卧倒，呕吐狼藉。蒋干哪里睡得着？他伏枕听时，听到军中鼓打二更。于是，趁残灯尚明他起得身来，时周瑜正鼻息如雷。蒋干看见军帐之中的书桌上有一卷文书，于是便偷偷地拿起来看，却都是一些往来的书信。只有一封信，上面写着"张允、蔡瑁谨封"的字样。蒋干心中大惊，悄悄地拿起来读。信中写道：某等降曹，非图仕禄，迫于势耳。今已赚北军困于寨中，但得其便，即将操之贼首献于麾下。早晚人到，便有关报，幸勿见疑。先此敬覆。"蒋干暗自寻思，原来张允、蔡瑁暗结东吴啊。于是，他将信函藏于衣内，假装灭灯就寝。

四更时分，有人入帐唤周瑜。周瑜做梦中忽觉之状，故意问："床上所睡何人？"那人答道："是都督请子翼同寝，怎么却忘记了呢？"周瑜作懊悔状说："我平时未尝饮醉，昨日酒醉失事，不知可曾说了些什么话语？"那人说："江北有人到此。"周瑜低声喝道："小声一点儿。"于是便唤："子翼。"蒋干只假装熟睡，不应。周瑜悄悄地走出帐外，蒋干偷听，只听见有人说："张、蔡二都督道：'急切不得下手。'"紧接着后面的言语声颇低，听不太清楚。过了一会儿，周瑜返回，又唤："子翼。"蒋干只是不应，蒙头假睡。于是周瑜便又解衣就寝。蒋干寻思："周瑜是个精细人，天明书不见，必然加害于我。"所以及至五更时分，蒋干起来唤周瑜，见周瑜已熟睡，蒋干连忙走出帐外，唤了小童，逃往江北。

回至曹营，蒋干急忙面见曹操。他取出书信，将事情的经过逐一说与曹操。曹操大怒，立即传令将其二人拉出去斩首。过了片刻，士兵将二人的首级献上，曹操方醒过神来，说："吾中计矣！"

兵者诡道也，诡道即诈术。自古以来，两军之争离不开诈术。兵法 36 计中，有 20 多计是以诈为主，如瞒天过海、声东击西、暗度陈仓、调虎离山、欲擒故纵、浑水摸鱼、金蝉脱壳、美人计、空城计、反间计、苦肉计，等等。这些计谋在《三国演义》中均能找到实例。尽管施诈的方法多种多样，但成功的诈术有 2 大共性：

1. 制造假象迷惑对手

将精心设计好的、足以乱真的假象以适当的方式展示给对手，使其接受虚假信息并认假为真，进而产生有利于我方的行动。

2. 切合对手的思维走向

不同的对手有不同的心态。同一对手在不同的情境下亦有不同的心态。因而施谋用诈之人，事先总要揣摩对手的心态，根据其最有可能的思维走向采取使其上当的步骤。

必须指出的是，《三国演义》中军事集团之间的施谋用诈大都是在你死我活的情况下展开的，目的多为置对方于死地，无所谓约束和规范。所以，我们可以从《三国演义》中寻求识诈用诈的启示，但真正施行起来时，切不可弃道德和法律于不顾。

3 低调做人者以匍匐谋求长远胜利

匍匐，以求出其不意攻其不备

鹰者天之雄，虎者地之威，但雄威如此的动物却时常扮作一副有气无力的模样，从而使猎物放松对它的警觉，待时机成熟时就霹雳乍起，以迅雷不及掩耳之势将其捕而食之。在生活中常见弱者好逞强施威，而强者反倒装龟扮弱。看来，低调做人更是强者采用之计，用之于谋求生存和伺机攻击！

东晋温峤是西晋名臣温羡之后，因与陶侃联兵平定王敦之乱，重安晋室而名垂青史。

西晋灭亡之后，琅琊王司马睿在建康（今江苏南京）建立东晋。温峤南下过江做了东晋朝廷的官。东晋明帝司马绍即位后，他被拜为侍中。这时，东晋统治集团内部的权力斗争已发展到了白热化的地步，拥有重兵、占据长江上游的王敦十分跋扈，取代东晋的政治野心日益明显。

但是，晋明帝司马绍不是一个懦弱的守成皇帝，而是一个比他父亲晋元帝司马睿更有决断和胆略的铁腕君主。他继位之后，是无论如何都不可能容忍王敦有染指皇权的奢望的，于是他决心取消乃至最后铲除琅琊王氏在政治和军事上的势力。温峤就是在这样的大背景之下，步履维艰地走上了东晋的政治舞台的。

司马绍在拜温峤为侍中后，即让他参与军政大事，草定所有重要的诏书公文，并很快将他由侍中擢升为中书令，视其为司马王朝的栋梁之臣。温峤在东晋中央的权势炙手可热，自然引起了王敦的惊恐。

于是他请求皇帝将温峤调到他的大将军府任左司马。

温峤无奈，只得到武昌赴任。刚到武昌之初，温峤劝说王敦应以上古有美德的辅臣为榜样，做一个传名后世的气节之臣。但王敦无意于此。至此，温峤断定拥兵自重的王敦必有谋反之心，遂决定改变自己在王敦身边行事的策略，以韬晦之道逃脱危境。

此后，温峤一改初到武昌时的态度，装出一副敬重王敦、愿意肝胆相照的模样。同时，还不时地密呈策划以求得王敦的信赖。这样，温峤便很巧妙地将刚到武昌时给王敦留下的劝谕印象消除了。

除此之外，温峤有意识地结交王敦唯一的亲信钱凤，并经常对钱凤说："钱凤先生才华能力过人，经纶满腹，当世无双。"

温峤在当时一向被人认为有识才看相的本事，钱凤听了这赞扬，心里十分受用，和温峤的交情日渐加深，时常在王敦面前说温峤的好话。通过这一层关系，王敦对温峤戒心渐渐解除，甚至视其为心腹。

不久，丹阳尹辞官出缺，温峤便对王敦进言：

"丹阳之地，对京都犹如人之咽喉，必须有才识出众的人去承担重任才行。如果所用非人，恐怕难以胜任，请你三思而行。"王敦深以为然，就请他谈自己的意见。温峤诚恳地答道：

"我认为没有比钱凤先生更合适的人了。"

温峤假意推荐钱凤，一为避嫌，二要的是以退为进的招数，好诱使钱凤推荐他。钱凤果然中计，认为温峤可任。于是王敦上表朝廷，补温峤出任丹阳尹。丹阳尹这一"球"，由温峤发出，在三人之间如此踢了一圈，又回到了温峤手中，这正是温峤导演此场"球赛"的目的。但收"球"之后，温峤心里并不踏实。他认为老谋深算的钱凤极可能随时改变主张，让王敦阻止自己赴任丹阳。因此，温峤要进一步杜绝钱凤可能出现的反复。

在王敦为他饯别的宴会上，温峤假装吃醉了酒，歪歪倒倒地向在座同僚敬酒。敬到钱凤时，钱凤未及起身，温峤便以笏（朝板）击钱凤束发的巾坠，不高兴地说：

"你钱凤算什么东西，我好意敬酒你却不敢饮。"

王敦以为温峤真的喝醉了，还为此劝两人不要误会。温峤离去时，突然跪在地上向王敦叩别，眼泪汪汪。出了王敦府门又回去三次，好像十分不舍离去的样子，弄得王敦十分感动。

温峤辞别王敦向建康走去，车行不远，温峤的这一举动便突然引起了钱凤的警觉，他赶忙晋见王敦说：

"温峤为皇上所宠，与朝廷关系密切，何况又是帝舅庚亮的至交，此人绝不可信！"

正如温峤所设想的那样，王敦以为钱凤是因宴会上受了温峤的羞辱而恶意中伤，便生气地斥责道：

"温峤那天是喝醉了，对你是有点儿过分，但你不能因这点儿小事就来报复嘛！"

钱凤深感羞惭，怏怏退出。

温峤终于摆脱王敦的控制，回到了建康。他将王敦图谋叛逆的事报告了明帝，又和大臣庚亮共同计划征讨王敦。消息传到了武昌王敦将军府，王敦勃然大怒曰："我居然被这小子骗了。"

然而，毕竟鞭长莫及，王敦无论如何都无法挽救失败的命运了。

下面让我们再来看一个发生在晋代的故事。

两晋末年，幽州都督王浚企图谋反篡位。晋朝名将石勒闻讯后，打算消灭王浚的部队。王浚势力强大，石勒恐一时难以取胜，便决定采用"欲擒故纵"之计麻痹王浚。他派门客王子春带了大量珍珠宝物，敬献王浚，并写信向王浚表示拥戴他为天子。信中说，现在社稷衰败，中原无主，只有你威震天下，有资格称帝。王子春又在一旁添油加醋，说得王浚心里喜滋滋的，信以为真。正在这时，王浚部下有个名叫游统的，伺机谋叛王浚。游统想找石勒做靠山，石勒却杀了游统，将游统首级送给王浚。这一招，使王浚对石勒绝对放心了。

公元 314 年，石勒探听到幽州遭受水灾，老百姓没有粮食，王浚却不顾百姓生死，苛捐杂税有增无减，以至民怨沸腾，军心浮动。于是石勒亲自率领部队攻打幽州。这年 4 月，石勒的部队已到了幽州城，王浚却还蒙在鼓里，以为石勒来拥戴他称帝，根本没有准备应战。直到被石勒将士捉拿时，他才如梦初醒，明白中了石勒的"欲擒故纵"之计。可惜一切为时已晚，他只能身首异处，让美梦成为泡影。

做人固然需要刚强，但如若一味刚直不屈、猛攻猛打，就有可能碰钉子，甚至会遭遇不测。人的工作环境，有时候是无法选择的。在危险或尴尬的环境中工作，头脑一定要灵活，遇事该方则方，不该方时就要圆熟一些。尤其在遇到对己不利的形势时，更应将刚直不阿和委曲求全结合起来，先将自己置于有利地位，再伺机反击。

以静制动，静以察真

老子曰："重为轻根，静为躁君。是以圣人终日行不离辎重。虽有荣观，燕处超然。奈何万乘之主，而以身轻天下。轻则失根，躁则失君。"可见，持重是轻浮的根本，安静为躁动的主宰。一个人若能"去浊存清"，让自己的心沉静下来，必能体察浮尘背后的玄机。

公元前614年，楚穆王去世，他的儿子侣继承王位，史称楚庄王。楚庄王即位时很年轻，晋国便想利用这个机会恢复已经失去的霸业。于是他们开始四处活动，利用自己尚未衰竭的影响力，把几个早就依附于楚国的小诸侯国统统拉到自己的麾下，建立了以晋国为首的联盟。眼看楚国几代人好不容易建立起来的势力范围要毁于一旦，楚国上下一片恐慌，纷纷要求楚庄王采取措施，与晋国一决雌雄。

可是，楚庄王继位后却并未像其他新君那样励精图治、风风火火，而是不问国政，只顾纵情享乐。他有时带着卫士、姬妾去打猎观景，有时在宫中饮酒作乐，无日无夜地沉浸在声色犬马之中。每逢大臣们进宫汇报国事，他总是不耐烦，爱答不理，任凭大夫们自己怎么办理都行。这时的楚庄王根本不像个国君，朝野上下也都拿他当糊涂无能的昏君看待。

看到这种情况，朝中一些正直的大臣感到十分着急，许多人纷纷进宫去劝谏，要楚庄王节制淫乐，以国事为重。可楚庄王不仅不听劝告，反而觉得他们妨碍了他的兴趣，对这些不着边际的劝告十分反感。

后来他干脆发了一道死命令："今后如果再有人敢议论国君是非得失者，格杀勿论！"

命令下达后，上谏的人果然没有了，楚庄王继续我行我素地寻欢作乐。3年过去了，朝中乌烟瘴气，乱成一团，但楚庄王仍然没有丝毫悔改之意。而在这期间，他的两位老师斗克和公子燮攫取了很大的权力。斗克因为在秦、楚结盟中有功，楚庄王没给他足够的封赏，一直心怀怨愤，公子燮则想夺取国君之位。二人因此串通作乱。他俩将庄王的亲信子孔和潘崇派出去征讨敌人，然后乘机把二人的家财分掉，并派人刺杀二人。因刺杀未能成功，潘崇和子孔就回师讨伐，斗克和公子燮竟然挟持楚庄王逃跑。在到达庐地时，当地守将戢黎杀掉了他们，楚庄王才得以回郢都亲政。然而，即使经历了这样的大乱，楚庄王仍不见有丝毫改变。

眼看国将不国，在这种情况下，尽管有"死命令"在那里，大夫申无畏再也忍不下去了。

一天，他冒死进见楚庄王。楚庄王左抱郑姬，右抱越女，手中端着酒杯，口中嚼着鹿肉，正在饮酒作乐。见大夫申无畏进见，就眯着眼睛问道："大夫来此，是想喝酒呢，还是要看歌舞？"申无畏话中有话，回答说："有人让我猜一个谜语，为臣愚钝，怎么也猜不出来，特此来向您请教。"楚庄王一边喝酒，一边问："什么谜语，这么难猜。你说来听听。"申无畏说："谜语是'楚京有大鸟，栖息在朝堂。历时三年整，不鸣亦不翔。令人好难解，到底为哪桩？'大王您猜猜看吧，这究竟是只什么鸟呢？"楚庄王明白了申无畏的意思，就笑着说："我猜着了，它可不是只普通的鸟。这只鸟呀！3年不飞，一飞冲天；3年不鸣，一鸣惊人。你等着瞧吧！"申无畏明白了楚庄王的意思，便高兴地退了出来。

几个月过去了，楚庄王依然故我，没有半点儿改变，既不"鸣"，也不"飞"，照旧打猎，饮酒作乐，而且比从前是有过之而无不及。大夫苏从忍不住了，便前来进见庄王。才进宫门，苏从便大哭起来。楚庄王说："先生，您为什么这么伤心呀？"苏从说："我为自己就要死了伤心，还为楚国即将灭亡伤心。"楚庄王感到很吃惊，便问："您怎么可能死呢？楚国又怎么会灭亡呢？"苏从回答说："我想劝告您，您肯定因为听不进去而杀死我。您整天观赏歌舞，游玩打猎，饮酒作乐，不理朝政，楚国的灭亡不就在眼前了吗？"楚庄王听了非常生气，怒斥苏从说："你是想死吗？我早已说过，谁来劝谏，我便杀死谁。如今你明知故犯，我看你是活得不耐烦了！"苏从悲痛欲绝地说："杀身以明君，臣之愿也。"

楚庄王等待多年，竟然没有一个冒死净谏之臣，他的心都快凉了。现在这人终于出现了。两人竟是越谈越投机，以至于几乎到了废寝忘食的地步。

其实，包括苏从和伍举在内的所有大臣没有一个人了解，楚庄王表面上寻欢作乐，其实却是用这种方法"以静制动，静以察真"，寻找忠义之臣。因为他即位时十分年轻，不明世事，朝中诸事尚不明白，也不知如何处置，况且人心复杂，尤其是若敖氏专权，所以他更不敢轻举妄动。无奈之中，他想出了这么一个用假装糊涂以掩人耳目的方法，静观其变。在这3年当中，表面上看庄王糊涂昏庸，其实他始终在默默地考察群臣的忠奸贤愚。他颁布劝谏者死的命令，也是为了鉴别哪些人是甘冒杀身之险而正直敢言的耿介之士，哪些是只会阿谀奉承、只图升官发财的势利小人。如今，3年过去了，他年龄已长，经历已丰，才干已成，人心已明，方才现出庐山真面目。

于是楚庄王停止淫乐，上朝听政，对楚国上下进行了整顿，任伍举、苏从以政，并罢免了3年来围在自己左右只知拍马逢迎的官员，还杀了批罪大恶极的坏人。楚国上下都非常高兴。

周定王十八年（前589年）六月，晋国增援郑国，楚庄王与晋军在邲（今河南荥阳北）进行决战。邲城大战，拥有600辆兵车的晋国人马一战之间几乎全部覆灭，楚国大败晋军。至此，3年未鸣的楚庄王终于一鸣惊人。周定王二十年（前587年），楚庄王再次攻宋，迫使宋国臣服，而晋国则慑于楚军威势而不敢来救。以后，楚庄王又陆续使鲁、宋、郑、陈等国归顺，他继齐桓公、晋文公、秦穆公之后也当上了霸主。他前后统治楚国 23 年，使楚国强盛一时。

楚庄王即位 3 年，从表面上看似昏庸无能，沉溺于酒色娱乐之中，实则韬光养晦，一方面使得国力在战后得以恢复，另一方面也使他了解了楚国的朝廷，忠奸分明。这些都为他集聚了力量，使他厚积薄发，不鸣则已，一鸣惊人。即使到今天，沉下气来从内部不断地修炼自己，依然是非常重要的。

以逸待劳，以不变应万变

"以逸待劳"是三十六计之一，从古至今有很多成功运用的例子。但我们通常所理解的"以逸待劳"只是消极的"待"，这就大大减少了其适用的时机。本文所要讨论的，是一种积极的"待"，即先主动地把对方拖疲劳了，自己再趁机下手，以举重若轻之举取得"四两拨千斤"之效果。

宋太宗时，年方 17 岁的渭州（今甘肃平凉）刺史曹纬曾凭借自己的广博知识成功地使用以逸待劳之计打败敌人。一次，曹纬率军与西夏兵作战，小获胜利，便吓得西夏将领引军撤退。曹纬知西夏军撤去不远，便将缴获的牛马、辎重尽数收集，慢慢驱赶，缓缓返归。西夏将领听到曹纬如此行为，便以为他是贪小利不会用兵之徒，于是回军加速追赶过去。眼见得西夏兵就要追上，曹纬回过头来列下阵势，派人对西夏将领说："你军远路赶来，一定十分疲劳，我们现在就交战，我方有乘人之危的嫌疑。不如你们休息一会儿，咱们再决战不迟。"西夏兵连退却带回头追赶，已跑了上百里地，正感到十分疲乏，闻听此言十分高兴，便答应了。休息了才一小会儿，曹纬又派人告诉西夏兵："想必你们已歇得差不多了，咱们开战吧！"于是便指挥宋军冲杀过来。不出所料，那些昔日强悍的西夏兵果然变得不堪一击，刚交手便大败。

打完胜仗，部将们请曹纬解释原因。曹纬说："走远路的人刚到目的地时，并不十分疲乏，在稍事休息、全身放松之后才更觉疲倦。西夏兵远路追来，心里憋着一股劲儿，这时与他们交手，还要费些气力才能战胜他们。若让他们歇一下，全身松弛下来，他们觉得更加疲惫了，就容易对付得多了。"大家听了，都佩服他的知识广博。

中国的先人们很早就善于运用计谋拖垮对方，然后以逸待劳予以攻击。曹刿论战的故事可能是这一计谋有记载的最早运用，而最能体现军事智慧、最为精当的运用则是马陵之战。

公元前341年，在围魏救赵之后13年，魏国发动了对韩国的战争。韩国向齐国求救。

很快，田忌和孙膑便率军前往，进攻魏国都城大梁。魏军统帅庞涓听到这个消息，立即从韩国撤兵回国。

孙膑深知庞涓刚愎自用，素来轻视齐军的力量，他还深信兵法关于"百里而趋利者，蹶上将；五十里而趋利者，军半至"的观点，于是决定让齐军采取示敌以弱的策略，故意装出畏惧逃跑的样子。

第一天，齐军挖了10万个军灶，第二天减为5万，第三天只挖了3万。恨不得立即战胜齐军的庞涓一看，误以为齐军贪生怕死，逃兵很多，战斗力锐减，于是就忘乎所以，丢下步兵，只率一支骑兵轻装前进，日夜兼程地拼命追赶。

孙膑盘算庞涓当天日落后将进入马陵，便在此地布下埋伏，等待追赶的魏军。

一切都如孙膑所料的那样，疲劳不堪的魏军中了埋伏，不堪一击，全军覆没。庞涓走投无路，自刎而死。

从马陵之战可以看出，主动的以逸待劳之计是指在战争中凭借有利地势，养精蓄锐，诱使敌军远道来袭、精疲力竭之后，转守为攻的谋略。此计诀窍是：使敌人陷于困境，不一定采取打的办法，还可以设法调动强敌，使之疲惫而虚弱，使我方因此由劣势转为优势。

1947年，国民党军队向陕北和山东解放区发动"重点进攻"。陕北解放军在毛泽东等的领导下，主动放弃延安，带领胡宗南30万大军在陕北高原上"武装游行"。解放军都很善于走路，且是轻装，把带着重武器、战斗力不强的国民党军队拖得苦不堪言。毛泽东戏言"肥的拖瘦了，病的拖死了"。就在这种"武装游行"过程中，解放军凭借相对的"逸"，打了一个又一个胜仗，终于粉碎了重点进攻。

"使对方疲劳，自己则以逸待劳"这一智慧并非中国人的专利，外国人也有一些成功运用的例子。其中最为著名的，是斯大林利用雅尔塔会议的安排弄垮罗斯福，为苏联争得了二战后瓜分世界的更多利益。

1944年，法西斯德国败局已定，美、苏、英各国军队在多条战线上取得重大战果。为了研究如何处理战后的一系列遗留问题，特别是如何处理战败国德国，苏、美、英3国领袖决定再次举行最高首脑会晤。

最高首脑会晤时间、地点和会议程序的选择与确定，历来是一个重要的问题。当时，美国总统罗斯福身体状况已严重不佳。因此罗斯福提出，会晤是不是可以订在1945年春天，那时天气已暖，他的身体可以吃得消。

老谋深算的斯大林早已了解到罗斯福的病情，他知道，一个疲惫不堪、精力不支的首脑，在谈判中是不会保持坚强的意志和耐力与一个体魄强健的对手较量的。在这种身体状态下，罗斯福很容易感到厌倦、焦躁、虚弱，从而轻易地向对手让步。于是斯大林电告罗斯福：由于形势发展急速，一系列问题迫切需要解决，因此最高首脑会晤不能拖延，最迟应该在1945年2月份举行。

无可奈何之下，罗斯福只好同意这个日期。他又提出，因为健康原因他只能坐船去开会，这样旅途要花很长的时间，所以他希望会谈地点不要选得太远。另外，最好开会的地点和气候能温暖一些，这样对他的身体有利。

斯大林则拒绝去任何苏联控制以外的地方，而坚持会议必须在黑海地区举行，并且具体提出在黑海边上克里米亚半岛的小城镇雅尔塔举行。这样，斯大林便可以逸待劳，并可随时与莫斯科保持联系。

罗斯福没办法讨价还价，他只好拖着病躯，硬着头皮，前往冰天雪地的雅尔塔。当罗斯福经过几十天艰辛跋涉到达雅尔塔的时候，人们发现这位总统面色憔悴，几乎精疲力竭。

斯大林、罗斯福、丘吉尔到达雅尔塔后，无休无止的会晤、谈判开始了。会议日程安排得极为紧张，首脑会谈多达 20 次，每次罗斯福都得参加，另外还有大量的宴会、酒会、晚会。这一切使罗斯福疲劳不堪。在谈判中，罗斯福强打起精神，与斯大林讨价还价，但终因体力不支，注意力分散，争辩不过斯大林，最后不得不草草结束会谈，按苏联的意思签订了协议。

"欲速则不达"，一味急于求成的人不一定能跑到最前头，因为他们随时都有步伐错乱、体力透支的情况出现。相反，真正成功的人，都能够平心静气、快慢结合、有的放矢地实现自己的人生目标。

4　匍匐，把握时机是关键

匍匐，识机而待，择机而动

匍匐，绝不是叫你一味"屈身下去"，那样只能称为消极退让，绝不是真正意义上的匍匐。匍匐，就是像老虎捕猎那样，当形势不利时暂时扮弱；而当主动权在我们手里时，就毫不迟疑地大踏步前进。这才是事业成功之道。

公元前 260 年，秦将白起在长平大败赵军，坑杀 40 万赵军，赵军的精锐丧失殆尽。次年，秦军乘胜围攻赵都邯郸。赵孝成王急召平原君商议退敌救国之策。平原君道："如今之计，只有求救于诸侯。魏与在下有姻亲关系，关系素善，求之则发救兵。而楚国是大国，又路途遥远，唯有以'合纵'之策促其发兵。臣愿亲往。"赵王依之。

平原君是战国四君子之一，以礼贤下士闻名于世。当时，平原君养门客 3000，毛遂位居末列。平原君回到府中，急召门客，准备选拔 20 人随同前往。平原君道："此次合纵定约之事关系到邯郸得失，赵之存亡，所以势在必得。若和谈不成，则须以武力相威胁，迫使楚王歃血订盟。现在挑选的 20 人必须全部是文武俱全之士，时势紧急，这 20 人便要从你们当中挑选了。"然而，平原君挑来挑去，只选得 19 人，最后一人竟无从可得，不禁感慨万千："想我赵胜相士数十年，门客 3000，却挑选不出 20 个文武双全之士！"

正值此际，毛遂于下座挺身而起，"毛遂不才愿往。"平原君见毛遂面生，又不曾听左右提起过毛遂，深表怀疑，便问："先生居胜之门下几时了？"毛遂答道："已有 3 年。"平原君不以为然地说："我听说有才能的人就像尖锥处于囊中，其锋芒立刻就会显现出来。你来此已 3 年，却从未听到有人提起过先生的长处。可见你文不成，武不就，没什么才能。你还是留下吧。"

毛遂说："这是因为我到今天才叫您看到这把锥子。要是您早点儿把它放在袋里，它早就戳出来了，难道光露出个尖儿就算了吗？"

于是，平原君让毛遂凑上 20 人的数，当天辞别赵王，到楚国去了。

平原君跟楚考烈王在朝堂上谈判合纵抗秦的事。毛遂和其他 19 个门客都在台阶下等着。从早晨起，一直谈到中午，平原君为了说服楚王，把嘴皮都说干了，嗓子也说哑了，可是楚王说什么也不同意出兵抗秦。

台阶下的门客等得实在不耐烦，可是谁也不知道该怎么办。有人想起毛遂在赵国说的一番不知天高地厚的豪言壮语，就对他说："毛先生，你去如何？"

毛遂不慌不忙，拿着宝剑，上了台阶，高声嚷着说："合纵不合纵，三言两语就可以解决了。怎么从早晨说到现在，太阳都直了，还没说停当呢？"

楚王很不高兴，问平原君："这是什么人？"

平原君说："是我的门客毛遂。"

楚王一听是个门客，更加生气，骂毛遂道："我跟你主人商量国家大事，轮到你来多嘴？还不赶快下去！"

毛遂按着宝剑跨前一步，说："你用不着仗势欺人。我主人在这里，你破口骂人算什么？"

楚王看他身边带着剑，又听他说话那股狠劲儿，有点儿害怕起来，就换了和气的口吻对他说："那您有什么高见？请说吧。"

毛遂说："楚国有五千里的土地、精兵百万，此乃霸王之资，天下诸侯哪个能当？然而，却被一个小小的白起率区区之数万人连连挫败，一战丢鄢、邓等5城，郢都划为秦郡，再战而烧夷陵，三战则为秦兵毁先王之宗庙，辱没先人。这是百年难忘的仇恨，赵国都为之羞愧，可是大王却只求苟安，您不觉得耻辱吗？合纵之事，对楚国是有百益而无一害。秦国虎狼之心早已昭然若揭，赵国灭亡，楚国也不会长久。当年苏秦合纵抗秦，山东六国缔结洹水之盟，使秦国15年内不敢东进一步。现在秦军虽然围困邯郸1年多，20万精兵日夜进攻，却未能损伤邯郸毫厘。况且有魏国遣兵救赵，如果楚赵合纵成功，再联合魏、韩，灭秦精锐于邯郸城下，乘势西进，楚国就可以报仇雪恨，收复失地，重振楚国威风。然而这样百利而无一害的事情，大王您却犹犹豫豫不能定夺，又是因为什么呢？"说完，双手按着佩剑，怒目而视楚王。

楚王连连点头称是。

毛遂问："大王拿定主意了吗？"

楚王回答："定矣！定矣！"

毛遂便呼楚王左右取来鸡血、狗血、马血，他端起盛血的铜盘，跪在楚王面前说："大王当歃血为盟，正式合纵之约，大王先饮，我家主人次之，毛遂再次。"于是于朝堂之上歃血定盟，合纵事成。

后来，楚王遣春申君黄歇率兵8万往救邯郸。魏信陵君亦窃得兵符，夺晋鄙10万大军前来救赵国。秦军攻赵2年，耗尽大量人力物力，元气本已大伤，现在又遭遇赵国的救兵，秦迫于形势亦只好息战而退。邯郸解围，终于避免了又一"杀人盈城"的惨剧发生。

毛遂在平原君门下之所以糊涂3年，完全是因为时机不成熟。如果他强行出头，不仅达不到一鸣惊人的效果，还有可能惹人耻笑。所以他只能在匍匐中潜心修炼，等待时机。可一旦时机来临，如果毛遂羞于自荐，不敢挺身而出，后人又哪里会知道毛遂为何许人也。所以，人应在该隐藏时就隐藏，该出头时就毫不犹豫地出头，只是千万要把握好"藏"与"出"之间的度的问题。

在人生竞争中，人不可能永居优势或永居劣势，关键在于你能否化劣势为优势，化优势为胜势，化胜势为胜果。

当形势对我们有利的时候，就一定要大踏步前进，不能让机会轻易溜走。机会稍纵即逝，如果我们当时不把它抓住，可能将来要付出惨痛的代价来弥补它。但如果你真的不幸错失了机遇，也不要怨天尤人，时不待人，你只有尽快补救，情况才可能会出现转机。

藏锋要静若处子，出头要动如脱兔

孙子云："始如处女，敌人开户；后如脱兔，敌不及拒。"说的是人在藏锋的时候，要像姑娘一样娴静；在行动的时候，则要像逃跑的兔子一样迅捷。这样才能攻无不克，战无不胜。

历史上的朱元璋是深谙此道的人，他那"缓称王"的策略就体现了这一点。

"缓称王"的说法出台之时，主要的几路起义军和较大诸侯割据势力中，除四川明玉珍、浙东方国珍外，其余的领袖皆已称王、称帝。一时间，九州大地"王"、"帝"遍地开花。此时只有朱元璋依然十分冷静，他坚定地采纳了"缓称王"的建议。朱元璋成为一个起义军的领袖，始终不为"王"、"帝"所动，直到元至正二十四年（1364 年），朱元璋才称为吴王。至于称帝，那已是元至正二十八年（1368 年）的事情了。

与其他各路起义军迫不及待地称王的做法相比较，朱元璋的"缓称王"是具有高远的战略眼光的。"缓称王"的根本目的在于最大限度地减少己方独立反元的政治色彩，从而最大限度地降低元朝对自己的关注程度，避免或大大减少过早与元军主力和强劲诸侯军队决战的可能。这样一来，朱元璋就更能够保存实力、积蓄力量，从而求得稳步发展了。

要知道，在天下大乱的封建朝代，起兵割据并不意味着与中央朝廷势不两立、不共戴天。但一旦冒出个什么王或帝，打出个什么国号，那就标志着这股势力与中央分庭抗礼了。因此，哪里有什么王或帝，朝廷必定要派大军前去镇压。此外，"缓称王"还避免了过多地刺激个别强大的割据政权。元末群雄间角逐相当激烈，特别是自立称王的政权间都相互仇视。为夺天下，他们展开了惨绝人寰的血腥屠杀。而正因为朱元璋"缓称王"，所以他不但避免了卷入这种残杀，而且还寻得机会借助了隶属于小明王的宋政权。这让他一方面讨得宋政权的欢心，另一方面也得到了宋政权的庇护，可谓一箭双雕。

"缓称王"关键在一个"缓"上。一旦时机成熟，朱元璋就当仁不让了。元至正二十四年（1364年），军事形势对朱元璋集团十分有利——北面的宋政权已经名存实亡了，即便与朱反目也不足为虑；东面的张士诚已成为惊弓之鸟，再成不了什么大的气候；四川的明玉珍安于现状，没有远图，对朱元璋集团构不成大的威胁；而元军在与宋军的决战中大伤元气，且又陷入内战之中，所以已无力南进。在这样的大好形势下，朱元璋凭借自己的强大军队和广阔的地盘，不失时机地公开表明了自己的政治主张，自立为王。这对业已开始的统一战争无疑是一个巨大的促进。

审视明太祖的成功实践，我们可以从中汲取宝贵的经验和智慧。在日常的工作和生活中，我们不可以奢望一步登天，也不要急于求成，那样只会导致失败。凡事欲速则不达，当时局不利时要暂时妥协；一旦时机成熟，就马上和对方摊牌。

1870年对于美国来说，是个不景气的年头，铁路货车总的装运量不断下降。那些强有力然而受到不景气经济影响的铁路老板，为了解决其困难，开始着手寻求自由市场所能提供的更为有利的解决方法。他们设想：如果他们能够同最大的炼油商们合伙经营，分享利润，也就没必要忍受这种正在消耗着金钱的竞争的局面了。

摸透了铁路老板们心理的洛克菲勒，便趁机秘密与铁路老板们敲定了一个方案。这个方案对外打出了一个不惹人注目的招牌——南方改良公司。该方案规定，铁路公司，包括宾夕法尼亚和伊利铁路公司，将与各主要炼油商们联合起来，为他们的共同利益来计划安排石油的流通问题。运费将提高，但参加这个方案的成员可以享受运费回扣，从而得到超过提高运费所带来的损失的补偿。

在1871年的整个冬天，这个方案以极其隐蔽的方式进行着。以洛克菲勒为首的炼油商们风尘仆仆，多次到纽约去与斯科特、威廉·H. 范德比尔特、杰伊·古尔德以及其他一些铁路老板们举行秘密的最高级会议。

由于在南方改良公司的2000股中，洛克菲勒及其兄弟威廉·弗拉格勒占了1180股，这使得美孚石油公司在这个公司中享有的权利比其他任何一个股东都要多。洛克菲勒把这个方案视为一种手段，借以消灭美孚石油公司在克利夫兰的竞争对手。

这个阴谋进行了差不多3个月时，不料走漏了风声，石油区顿时一片惊慌。人们通宵达旦地举行会议，举着火炬游行，向立法者递交长达28米的请愿书，对铁路公司经理发出了恐吓电报。产油商们更是联合起来，他们大声疾呼、威胁、恐吓，直到与洛克菲勒串通一气的铁路老板们让步，并不得不解散南方改良公司。

洛克菲勒和他的美孚公司似乎受到了沉重的打击。然而，当石油区的人们从兴奋中清醒过来，环顾四周时，却惊得目瞪口呆——克利夫兰的炼油设备已经掌握在美孚公司手里了。

在这场你死我活的血腥竞争中，洛克菲勒以极其隐蔽和毒辣的方式"明修栈道，暗度陈仓"，神不知鬼不觉地垄断了整个美国的石油业。1880年，整个美国生产出来的石油，竟有95%出自洛克菲勒之手。

第八章
忍小谋大，以忍图强

古人云："自行本忍者为上。"意思是大丈夫要能屈能伸、隐忍待机。"忍"其实是一种自我控制，是经过千锤百炼而形成的一种意志，是为人处世中自然流露出的良好修养。它显示着一股强大的内心力量，是成就大业的基础，是谋求幸福的方法。

1 低调做人者必须锤炼忍耐精神

忍一时之气，免百日之忧

从某种意义上说，忍耐是保全人生的一种策略，忍一时之气，可免百日之忧。忍耐是一种弹性前进策略，就像战争中的防御和后退，有时恰恰是赢取胜利的一种必要姿态。

汉高祖刘邦去世后，吕后临朝称制。匈奴单于冒顿本已很轻视刘邦，现在一妇人上台执政，他更加肆无忌惮，便想挑起战端。他派使者给吕后送去一封信，信上说："孤独苦闷的君王，生于荒野大泽之中，长于旷野牛马蕃育的区域，多次到达边境，希望能游览中国。陛下独立，孤独苦闷孀居。两位君主都不高兴，也没办法让自己快乐起来，希望以我的所有，换你的所无。"

吕后见信后勃然大怒："好一个不知死活的匈奴冒顿，竟敢调戏到孤家头上，想是活得不耐烦了。"于是，她召集群臣商议，要大举讨伐匈奴以雪此辱，以泄此恨。

吕后的妹夫樊哙率先请命道："我愿带10万人马，横行匈奴之中。"

吕后大喜，季布却怒声叱道："樊哙理应斩首。"

朝堂上的人都吓了一跳，季布撞邪了吧，竟要斩元勋国戚。

季布接着说："当年高帝率30万精兵讨伐匈奴，却被围困在平城7日7夜。那时樊将军也在军中，却无计可施。今日为何就能以10万人马横行匈奴之中呢？这不过是当面阿谀陛下，犯了欺君之罪，按律当斩。"

樊哙无言以对，其他众将也纷纷附和说，以高帝之英武，尚被困于平城，匈奴势力强盛，委实不宜挑起战端。

吕后见众将意思一致，回头细想也确实如此，便忍下这口恶气，退朝回到宫内，不再提讨伐匈奴的事了。

过后吕后为安抚单于冒顿，居然放下架子卑辞婉约地写了一封和解信，说："单于不忘我中国，赐给书信，我等国人都很恐惧，我自思自忖，身体老迈，气息也衰弱，牙齿也脱落得差不多了，走路的步子都不均匀，单于听信了传言，我实在不足以使您自污。我国无罪，应在您赦免之列。我有自己坐的车 2 辆、马 8 匹，送给您平时乘坐。"然后她派宦官张泽送去。

单于冒顿原以为汉朝一定会倾竭国力攻击自己，所以严加戒备，没想到等来的却是这般礼遇。再想想，如若自己与汉硬拼，实在也占不得什么便宜，便派使者送给吕后好马，回信说："我生长荒野，没听过中国的礼仪，多亏陛下赦免了我。"便又和汉朝和亲。

吕后性格刚毅、心狠手辣，汉初 3 大功臣有 2 位直接死在她手上，即韩信和彭越。然而面对匈奴单于的侮辱和挑衅，她不但采纳众将的意思忍耐住了，而且还以谦卑的姿态回了一封信，倒使得冒顿心生惭愧，回信谢罪，并达成了和亲。吕后执政时边塞得以无事，民众得以休养生息，就是因为吕后能够忍下单于之气。

王林从单位辞职以后来到深圳打工，他在一家私人企业做了几天文员后，就被解雇了。过了一段时间他仍然没有找到工作，已经到了山穷水尽的地步。

一天，他身无分文，坐在街心公园歇息。忽然间想到这里还有一个老乡在某个报社做编辑，于是他强打精神去找那个老乡借钱。他好不容易找到了那位老乡，但老乡一见他的狼狈样就知道是来借钱的，于是就故意装作没有看见他。在王林小心地打了招呼后，老乡才问他有什么事。于是王林更加小心地讲明了自己的困境。老乡不耐烦地掏出 10 元钱扔在桌子上，说自己今天身上没有多带钱并且马上要出差。王林知道这是在下逐客令，心里气急了，真想把那 10 元钱抓起来砸在对方的脸上。但现实的残酷让他强压住怒火，拿起那 10 元钱，默默地转身走了。

王林先用 2 元钱买了 1 千克馒头，然后用 1 元钱买了 1 支圆珠笔，用 2 元钱买了一沓稿纸。他待在自己租的房子里，用了 1 天 1 夜的时间写了 4 篇反映自己打工经历的稿子，次日早上亲自将这些稿件送到一家专门发表打工者故事的杂志社。负责该栏目的编辑看了稿件后决定 4 篇都采用，并先付给了王林一半的稿费。拿着这些稿费，王林维持了一段时间，并在此期间找到了一份工作。

事物总是在不断地运动和变化，机会存在于忍耐之中。对于垂钓者来说，最好的进攻方式就是忍耐。大机会往往蕴藏在大忍耐之中，所谓"天将降大任于斯人也，必先苦其心志，劳其筋骨，饿其体肤……"就是这个道理。大丈夫志在四方，岂可为鸡毛蒜皮的小事而误了大谋！春秋末期最后一个霸主越王勾践卧薪尝胆的故事正好诠释了忍耐保全人生的要义——忍耐不是停止、不是逃避、不是无为，而是守弱、蓄积、迂回前进。当命运陷入不可掌控之时，就要心平气和地接纳这种弱势，坚强地忍耐弱者的地位，在守弱的基础上累积实力、发愤图强，使自己脱离弱者的不利地位，并适时出击，争取赢得新的成功机会。

懂得忍耐有利于成就事业，意气用事只会错失良机。面对别人的侮辱和伤害，我们没必要急急忙忙以一种对抗的方式来证明自己并非软弱可欺。因为路遥知马力，日久见人心，有效地忍耐，会使我们获得更多的收益。

忍辱方能负重

忍可以促使一个人的身心成熟，以便大展宏图。昔日韩信受"胯下之辱"的时候显示了巨大的忍耐力，尔后才官拜淮阴侯。司马迁虽受宫刑，遭受了生理上与心理上的双重打击，但他却表现出了超人的忍耐力，完成了旷世之作《史记》。

老子曰："大直若屈，大巧若拙，大辩若讷。"因此身处逆境之时，应通晓时事，沉着待机，这才是智者的做法。"伏久者飞必高，开先者谢独早。"只有长久潜伏修智，才能成就大事，才能一鸣惊人。如果不能控制住自己情感的冲动而鲁莽行事，就可能会进一步陷入苦痛与困难中。懂得了这个道理，也就通晓了忍的功效。杜牧之《题乌江亭》诗对此很有见解："胜败兵家事不期，包羞忍耻是男儿。江东子弟多才俊，卷土重来未可知。"此诗是婉转地批评了项羽，说这位大英雄如果当时知忍能忍，抱定这种信念，忍而后发，卷土重来未必不成。

《说苑·丛谈篇》写道：能够忍耻的人安全，能够忍辱的人可以生存。其实忍辱不仅能平安，而且能成名。

西汉时的韩信是淮阴人，他家里贫穷，没有事干，便在城下卖鱼。肉铺里有个人欺侮韩信说："虽然你长得高高大大，还老喜欢带着把剑游来荡去的，其实只是个胆小鬼罢了。"并且当众辱骂韩信说："你如果不怕死，就刺我一剑；如果怕死，就乖乖地从我裤裆下钻出去。"此时周围的人都非常气愤，纷纷叫嚷着让韩信宰了这狂妄的小子。韩信看看周围，想了一下，俯身从那人裤裆下爬了过去。全街的人都笑韩信怯懦。

后来，滕公向汉高祖刘邦说起韩信，开始时刘邦对他并没有很好的印象，因而也就没有重用他。韩信感到无用武之地，就偷偷地逃跑了。萧何亲自追他，并对汉高祖说："韩信是无双的国士，你要争得天下，非要韩信不可。如用他为大将，就要拜请他，选一个日子，要斋戒、设立坛位、完备礼教才行。"刘邦答应了他，拜韩信为大将军。等到刘邦取得天下之后，韩信又被封为齐王。

忍辱负重的故事不仅中国有之，国外亦不少见。

1076年，德意志神圣罗马帝国皇帝亨利与教皇格里高利争权夺利，斗争日益激烈，发展到了势不两立的地步。亨利想摆脱罗马教廷的控制，教皇则想把亨利所有的自主权都剥夺殆尽。

亨利首先发难，召集德国境内各教区的主教们开了一个宗教会议，宣布废除格里高利的教皇职位。格里高利针锋相对，在罗马拉特兰诺宫召开全基督教会的会议，宣布驱逐亨利出教。他不仅要德国人反对亨利，还在其他国家掀起了反亨利浪潮。

一时间德国内外反亨利的力量声势震天，特别是德国境内大大小小的封建主都兴兵造反，向亨利的王位发起挑战。

亨利面对危局，被迫妥协。1077年1月，他身穿破衣，骑着毛驴，冒着严寒，翻山越岭，千里迢迢前往罗马，向教皇忏悔请罪。

格里高利故意不予理睬，在亨利到达之前躲到了远离罗马的卡诺莎行宫。亨利没有办法，只好又前往卡诺莎拜见教皇。

教皇紧闭城堡大门，不让亨利进来。为了保住皇帝宝座，亨利忍辱跪在城堡门前求饶。

当时大雪纷飞，天寒地冻，身为帝王之尊的亨利屈膝脱帽，一直在雪地上跪了3天3夜，教皇才开门相迎，饶恕了他。

亨利恢复教籍保住帝位返回德国后，集中精力整治内部，曾一度危及他王位的内部反抗势力逐一告灭。在阵脚稳固之后，他立即发兵进攻罗马，以报跪求之辱。在亨利的强兵面前，格里高利弃城逃跑，客死他乡。

中国有句俗语"大丈夫能屈能伸"，说的便是忍辱负重。试想，假如当时韩信逞一时之勇而与对方打斗，哪还有后来的"常胜将军"称号呢？假如亨利放弃信念"破罐子破摔"，哪还有日后的至尊、荣耀呢？

小不忍则乱大谋

"小不忍则乱大谋"这句话我们都听说过，它的道理是：生活中，有些东西我们只有去忍一时，才会见到等在后面的成功。

如果能忍这一时，能将痛苦忍一忍，能将小事忍一忍，那么就不会有"小不忍则乱大谋"这样的失败之事了。

能够忍让的人，事情一般都能够做好。至于别人是否正确，那也是无所谓的事。能够宽容待人，忍一时风浪，迎来广阔天空，这是古人的经验，也是今人欲成大事需养成的习惯之一。

在楚汉相争中，刘邦由于势单力薄，经常吃败仗。汉高祖四年（前203 年），刘邦兵败，被项羽围困在荥阳。而他的大将韩信自领一军，北上作战，捷报频传，攻下魏、赵、燕诸王国，最后又占领了齐国全境。

五月，韩信派使者来见刘邦，说："齐人狡诈反复，齐国又与强楚为邻，如果不设王威慑，不足以镇抚齐地，请大王允许我暂代齐王。"

刘邦一听，当然不依，如今大敌当前，这小子竟敢"趁火打劫"，胁迫我分权与他！刘邦气愤不过，便破口大骂："我坐困荥阳，日夜盼望你韩信带兵来增援，你不但不来，反要自立为王！我……"

正骂着，刘邦感到自己的脚被人踩了一下。他恶狠狠的目光一扫，张良向他示意了一下。刘邦知道他一定有重要的话要告诉自己，便打住了话题。

张良清楚地知道韩信是当世首屈一指的将才，目前又拥有强大的兵力，处在举足轻重的地位上。刘邦如与韩信翻脸，轻则形成刘邦、韩信、项羽三强鼎立，重则导致项羽、韩信联合攻汉。无论出现哪一种情况，都于刘邦大为不利。反之，如果能调动韩信的兵马，就能拖住楚军，重创楚军。于是，张良果断地用脚踩刘邦，制止他骂出那些无法收场的话来。

张良靠近刘邦，悄声说："大王，韩信手握重兵，右投则大王胜，左投则项羽胜。我们对他的要求要慎重考虑。"

刘邦是个个性坚忍的人，他压住怒火，当即下令派张良为使节，带着印绶到齐地去，立韩信为齐王，并征调韩信的军队。结果战争形势很快便发生了重大转折：汉军由劣势向优势转变，逐渐对楚形成了包围之势。

经过几年激战，刘邦终于在垓下全歼楚军，取得了战争的最后胜利。

君子有所忍有所不忍，在利于大局的情况下，忍是一种智慧；在鸡毛蒜皮的小事上，忍是一种涵养；在人际交往中，忍是一种气度。

有修养的人，从来不会在毫无意义的事情上发火动怒。只有生活中的智者，才能品味出忍的力量。

隋朝末年，李渊从太原起兵后不久，便选准关中作为长远发展的基地。因此，借"前往长安，拥立代王"为名，他率军西行。

李渊西行入关，面临的困难和危险主要有3个：第一，长安的代王并不相信李渊会真心"尊隋"，于是派精兵予以坚决阻击；第二，当时势力最大的瓦岗军半路杀出，纠缠不清；第三，瓦岗军还用一方面主力部队袭奔晋阳重镇，威胁着李渊的后方根据地。

这3大危险中，隋军的阻击虽已成为现实，但军队数量有限，且根据种种迹象判断，隋廷没有继续派遣大量迎击部队的征兆。但后2个危险却是主要的，瓦岗军的人数在李渊的10倍以上，第2种或者第3种危险中，任何一个的进一步演化都将使李渊进军关中的行动夭折，甚至全军覆没。

为了能扭转形势，李渊急忙写信给瓦岗军首领李密，详细通报了自己的起兵情况，并表示了希望与瓦岗军友好相处的强烈愿望。

不久，使臣带着李密的回信又来到了唐营。李密在信中劝说李渊应同意并听从他的领导，并速速表态。

当时，李密拥有洛口要隘，附近的仓中粮帛丰盈，控制着河南大部。向东可以阻击或奔袭在扬州的隋炀帝，向西则可以轻而易举地进取已被李渊视之为发家基地的关中。

李渊深知此时情况于己十分不利，如若此时再与李密树敌，后果将是"灭顶之灾"。眼下之计，只有先假意屈服于李密，日后再与他算账不迟。于是，李渊对次子李世民说："李密妄自尊大，绝非一纸书信便能招来为我效力的。我现在急于夺取关中，不能立即与他断交，增加一个劲敌。"于是，李渊回信道："天生庶民，必有司牧，当今为牧，非子而谁？老夫年逾知命，愿不及此。欣戴大弟，攀鳞附翼，唯弟早膺图箓，以宁兆民。宗盟之长，属籍见容。复封于唐，斯荣足矣。擅商辛于牧野，所不忍言；执子婴于咸阳，未敢闻命。汾晋左右，尚需安缉，盟津之会，未有卜期。谨此致覆！"大意是当今能称皇为帝的只能是你李密，而我则年已 50 有余，无此愿望，只求到时能再封为唐公便心满意足，希望你能早登大位。因为附近尚需平定，所以暂时无法脱身前来会盟。这封信巧妙地掩藏了李渊争夺天下的野心，使李密放下了心。

李世民看了信说："此书一去，李密必专意图隋，我可无东顾之忧了。"果然，李密得书之后十分高兴，对将佐们说："唐公见推，天下不足定矣！"

李渊授李密之好，卑辞推奖，不仅消除了李密争夺关中的危险，而且还为李渊西进牵掣住了洛阳城中可能增援长安的隋军，从而达到了"乘虚入关"的目的。李密自以为聪明，实际自己中了李渊之计。他对李渊信任有加，常给李渊通信息，更无攻伐行为，只专力与隋朝主力决斗。之后几年中，李密消灭了隋王朝最精锐的主力部队。而自己也被打得只剩 2 万人马。而李渊则利用有利时机发展成了最有实力的势力，不费吹灰之力便收降了李密余部。

"小不忍则乱大谋"，这句话在民间极为流行，甚至成为一些人用以告诫自己的座右铭。有志向、有理想的人，不应斤斤计较个人得失，更不应在小事上纠缠不清，而应有开阔的胸襟和远大的抱负。只有如此，才能成就大事，从而实现自己的梦想。

2 低调者要磨炼自制自律的习惯

克制自己的不利情绪

古人说："自行本忍者为上。"做人要忍，尤其是那些性情暴躁之人，一定要控制好自己的不利情绪。当然在人生当中，不利的情绪有很多种类，我们在此暂不一一而论，只独谈谈愤怒对于人生的不利影响。

遇事不要轻易发火，要学会自制，得罪的人多了，将不利于自己日后的发展。现实生活中，一时愤怒酿成大错或大祸的事绝非少见。其中，美国著名的巴顿将军就有过这么一次。

巴顿将军某日来到前线医院看望伤员。他走到一病号前，病号正在抽泣。

巴顿将军问："为什么抽泣？"病号抽泣说："我的神经不好。"巴顿又问："你说什么？"病号回答说："我的神经不好，我听不得炮声。"

巴顿将军立刻毫无理智地大发雷霆："对你的神经我无能为力，但你是个胆小鬼，你是混蛋！"之后，巴顿依然难以泄恨，又给了这个病号一个耳光，并喊道："我不允许一个王八蛋在我们这些勇敢的战士面前抽泣。"他又毫不犹豫地给了那个病号一耳光，还把病号的军帽丢至门外，接着大声对医务人员说："你们以后不能接受这种龟儿子，他们一点儿事也没有。我不允许这种没有半点儿男子汉气概的王八蛋在医院内占位置。"

临出门前，巴顿将军转头又对病号吼道："你必须到前线去，你可能被打死，但你必须上前线。如果你不去，我就命令行刑队把你毙了。说实话，我真想亲手把你毙了。"

这件事很快被披露，并在美国国内引起了强烈的反响。好多母亲要求撤巴顿的职，有一个人权团体还要求对巴顿进行军法审判。尽管后来马歇尔从大局出发，巧妙化解了这件事，但巴顿还是因为打骂士兵而声名狼藉。这种轻率、浮躁的作风以及政治上的偏见，也为他战后被撤职埋下了祸根。

轻易动怒，既伤身又损财，明智的人是不会那么冲动，随便宣泄自己愤怒的情绪的。因为一些小事而跟人争斗甚至打官司，是不利于延年益寿的。

对待别人的小过失，我们不能斤斤计较，而应该采取忍耐、宽容的态度。

一个人，如果身为领导而不能克制自己的情绪的话，就会危害到他手下的人；如果作为一个普通员工而不能克制自己的情绪的话，就会冲撞到他的上司；一个家庭，如果成员之间不能互敬互爱、相互理解，就会导致家庭的混乱甚至破裂；国家之间，如果不能互相谅解和宽容，就会引发战争，使老百姓蒙受灾难，生灵涂炭。

轻易发怒有百害而无一利。为此，我们可以学学古人，看看他们是怎么做的。

富弼是北宋仁宗时一位品行优良的宰相，然而富弼年轻的时候因能言善辩在无意间得罪了不少人，从而给自己的事业、生活带来了不利影响。经过长时期的自省，他的性格逐渐变得宽厚谦和。后来当有人告诉他谁在说他的坏话时，他总是笑着回答："怎么会呢，他怎么会随便说我呢？"

一次，一个穷秀才想当众羞辱富弼，便在街心拦住他道："听说你博学多识，我想请教你一个问题。"

富弼知道来者不善，但也不能不理会，只好答应了。

秀才问富弼："请问，欲正其心必先诚其意，所谓诚意即毋自欺也，是即为是，非即为非。如果有人骂你，你会怎样？"富弼想了想，答道："我会装作没有听见。"秀才哈哈笑道："竟然有人说你熟读四书，通晓五经，原来纯属虚妄。富弼才智驽钝，充其量不过是个庸人而已！"说完，大笑而去。

富弼的仆人埋怨主人道："您真是难以理解，这么简单的问题我都可以回答，怎么您却装作不知呢？"

富弼说道："此人乃轻狂之士，若与他以理辩论，必会剑拔弩张、面红耳赤，无论谁把谁驳得哑口无言，都是口服心不服。书生心胸狭窄，必会记仇，这是徒劳无益的事，又何必争呢？"

几天后，那秀才在街上又遇见了富弼。富弼主动上前打招呼，秀才不理，扭头而去。走了不远，他又回头看着富弼大声讥讽道："富弼乃一乌龟耳！"

有人告诉富弼那个秀才在骂他。

"是骂别人吧！"

"他指名道姓骂你，怎么会是骂别人呢？"

"天下难道就没有同名同姓之人吗？"

他边说边走，丝毫不理会秀才的辱骂。秀才见无趣，也不白费力气，便走开了。

人的一生谁都难免遇上难堪的误解，遭到他人不公正的批评甚至辱骂。不论是卑鄙的、恶毒的、残酷的，你都千万不要被对方一句不公正的批评或难听的辱骂而激得像对方一样失去理智。获胜的唯一战术，就是保持沉默，不和别人发生正面冲突，就连多余的解释也没必要。因为在这种情况下，相互争吵、辱骂既不会给任何一方带来快乐，也不会给任何一方带来胜利，只会带来更大的烦恼、更大的怨恨、更大的伤害。退一步讲，在对骂中没有占上风的一方，必会因当众出丑而对自己的鲁莽行为深感悔恨。而占了上风的一方虽然把对方骂得体无完肤，但结果又能怎么样？只能加深对方的对立情绪，加深对方的怨恨。

清朝光绪年间流行一首歌曲："他人气我我不气，我本无心他来气。倘若生气中他计，气出病来无人替。请来大夫将病医，他说气病治非易。气之为害太可惧，不气不气真不气。"这首歌通俗易懂，寓意深刻，其中虽然有消极的一面，但仍不失为有益的养身之道，尤其对那些一遇事就跳、一说就叫的人，可算是一剂良方。

行事不可放纵

人生于天地之间，要想成就一番大事业，不是轻而易举的。这要求我们能够不断战胜人自身所具有的各种劣根性，克服各种不良嗜好，严格地约束自己，以求更大的发展。

秦朝末年，陈胜、吴广在大泽乡揭竿起义以后，各地的英雄豪杰纷纷响应。没多久，反秦的风暴便席卷了大半个中国。

公元前206年，刘邦率领着一帮人马最先开进了秦王朝的首都咸阳。都城中恢宏壮丽的建筑群、珠宝充盈的仓库使大家大开眼界，众人纷纷钻进皇宫和仓库中抢金夺银，闹得咸阳城内鸡犬不宁。刘邦在卫士们的簇拥下，进了占地数十里的秦宫殿。他先来到前殿阿房宫，看见雕梁画栋的巨大殿堂、奢华无比的陈设、数以千计的美丽宫女，喜得头晕目眩、忘乎所以。

刘邦正浮想联翩之时，他的部将樊哙闯了进来。一见刘邦那神不守舍的样儿，樊哙便直着嗓子喊了起来："沛公！"

"什么事？"刘邦头也不回，心不在焉地问道。

樊哙说："你是要打天下，还是只想当个富家翁？"

"我当然想打天下。"刘邦口中说着，眼睛却没有离开婀娜娇羞的宫女。

樊哙说："臣下跟着沛公进了秦皇宫，您留意的不是珠玉珍宝，就是美娇娃，而这正是秦朝皇帝丢失天下的原因。沛公留此，就是重蹈亡秦的覆辙！恳请沛公立即出宫，到郊外驻扎。"

樊哙虽是刘邦的患难兄弟和亲戚，刘邦却认为他只不过是一员有勇无谋的战将，所以根本听不进去他的话。刘邦很不高兴地说："我们从关东打到关中，太累了。我只想在这儿歇几天，你就把我比做亡国的秦朝皇帝，真是胡说八道！"

樊哙又急又气，找来张良。张良对刘邦说："沛公，您想过没有，您是怎样得以进入这座宫殿的？"

刘邦说："是举义旗，兴义兵，一路攻杀换来的。"

张良说："这正是秦王朝君臣荒淫无度、声色犬马，触怒了天下的老百姓，才使您得到举义旗、兴义兵的机会啊。秦朝皇帝因为骄奢失去了民心，沛公想取秦而代之，就要反其道而行，以节俭有度来争取民心。现在，我们的人马刚刚进入秦朝首都，沛公就带头享乐，老百姓会怎么看？他们会认为我们与秦朝君臣是一丘之貉，就会转而憎恨我们、反对我们。失去民心，您就失了天下啊！"

刘邦听了悚然动容。

张良又说："上行下效，沛公要享用秦宫殿中的财产、美人，将士们就会抢劫仓库与民宅。他们腰囊填满之日，也就是我们这支军队瓦解之时。如今，素来忌恨您的项羽正率领 40 万大军，日夜兼程、过关斩将地逼近咸阳。一旦双方干戈相见，我方军心涣散，如何抵挡得住项羽的 40 万强兵悍将？那时，沛公纵然愿意放弃天下，想去做个富家翁，也欲求无门了！"

刘邦听了，惊得一身冷汗，问："照你说，该怎么办？"

张良说："'良药苦口利于病，忠言逆耳利于行'，樊将军的话说得很对，希望您听从他的劝告，立即离开宫殿，赶快好好考虑一下，采取一些措施来安抚关中人民，争取天下的民心。"

刘邦听完张良的话，马上醒悟过来。他立即下令撤出宫殿，封闭仓库，并命所有部队都回到郊外的灞上驻扎。

世界上唯有自己最可怕，也唯有自己最难以对付。那些体悟佛理的人都知道，佛学的道理并不高深，也不需要特别去做。这样说起来似乎得道成佛很简单，可实际上却几乎没有人能做得到，其中原因就在于没有人能够把自己完全控制住，人们难免会放纵自己的欲望。

为佛之道，在一"空"字。功名利禄、酒色财气，说放下就放下，从此不再留恋牵挂。这就是四大皆空的"空"。

可是很多明白这个道理的人，却往往办不到。比如说要远离美色，本不是件很难的事，但是情欲一来，很多人就会马上缴械投降。挣钱养家的事，大家也觉得挺俗气，但是一有赚钱的好机会，也没有多少人会放弃。

七情六欲固然是人之常情，但人也有些想法超出了自身条件所许可的范围。自制，就是要控制住自己的这种过分欲望。食色美味、高屋亮堂，凡人即使想得也应得之有度，更何况远景之事，不可操之过急，须知欲速则不达也。否则，举自身全力，力竭精衰，事不能成，耗费枉然。又有些奢华之事，如着华衣、娱耳目，实乃人生之琐事，但又非凡人所能自克。而一旦沉溺其中而不能自拔，就不是力竭精衰的小事了，人必然会颓废不振、空耗一生。

所以，尽管我们总说"放下屠刀，立地成佛"，但是真正能立地成佛的却没有几人。非不能也，是不为也。

学会约束自己的欲望

汤玛斯·富勒说："满足不在于多加燃料，而在于减少火苗；不在于累积财富，而在于减少欲念。"

贪欲会使人的精力和体力双重透支。放下贪欲，追求平实简朴的生活，是获得快乐的最简单的方法。

当欲望产生时，再大的胃口都无法填满，贪多的结果只会是无穷尽的烦恼和麻烦；学会接纳自己，欣赏自己，使自己从欲念的无底深渊中得到释放与自由，是快乐的始发站。

据说上帝在创造蜈蚣时，并没有为它造脚，但是它仍可以爬得和蛇一样快速。有一天，它看到羚羊、梅花鹿和其他有脚的动物都跑得比它快，心里就很不高兴，便嫉妒地说："哼！脚那么多，当然跑得快。"

于是它向上帝祷告说："上帝啊！我希望拥有比其他动物更多的脚。"

上帝答应了蜈蚣的请求，他把好多好多的脚放在蜈蚣面前，任凭它自由取用。

蜈蚣迫不及待地拿起这些脚，一只一只地往身上贴去，从头一直贴到尾，直到再也没有地方可贴了，它才依依不舍地停止。

它心满意足地看着满身是脚的自己，心中暗暗窃喜："现在我可以像箭一样地飞出去了！"

但是，等它一开始要跑步时，才发觉自己完全无法控制这些脚。这些脚都各走各的，它非得全神贯注，才能使一大堆脚不致互相绊跌而顺利地往前走。

这样一来，它走得比以前更慢了。

过度的欲望让蜈蚣步伐缓慢、举步维艰，而人的心里一旦产生过分的欲望，终有一天也会出现超载的现象，而这种负荷的结果是不堪设想的。

古人云"人心不足蛇吞象"，私欲的沟壑是填不满的。如果每天都去注意自己的欲望是否得到满足，那么我们将时刻处在痛苦的煎熬之中。因为旧的欲望满足了，新的欲望又会出现，而且会一次比一次大、一次比一次难以满足。所谓欲壑难填，就是这个道理。这样一来，人生哪里还有什么快乐、幸福可言？

有一位禁欲苦行的修道者准备离开他所住的村庄，到无人居住的山中去隐居修行。他只带了一块布当作衣服，就一个人到山中居住了。

后来他想到，当他要洗衣服的时候，他需要另外一块布来替换，于是他就下山到村庄中，向村民们乞讨一块布当作衣服。村民们都知道他是虔诚的修道者，于是毫不犹豫地就给了他一块布，当作换洗穿的衣服。

这位修道者回到山中之后，发觉在他居住的茅屋里面有一只老鼠，常常会在他专心打坐的时候来咬他那件准备换洗的衣服。可由于他早就发誓一生遵守不杀生的戒律，因此他不愿意去伤害那只老鼠。但是他又没有办法赶走那只老鼠，所以他回到村庄中，向村民要一只猫来饲养。

得到了一只猫之后，他又想了——"猫要吃什么呢？我并不想让猫去吃老鼠，但总不能跟我一样只吃一些水果与野菜吧！"于是他又向村民要了一只乳牛，这样那只猫就可以靠牛奶维生。

但是，在山中居住了一段时间以后，他发觉每天都要花很多的时间来照顾那只母牛，于是他又回到村庄中，找到了一个可怜的流浪汉来帮他照顾乳牛。

那个流浪汉在山中居住了一段时间之后，跟修道者抱怨说："我跟你不一样，我需要一个太太，我要过正常的家庭生活。"

修道者想一想也有道理，他不能强迫别人跟他一样，过着禁欲苦行的生活……

这个故事就这样继续发展下去，结果你可能也猜到了：到了后来，整个村庄都搬到了山上。而这个修道者最初的愿望也不可能实现了。这一切都是因为欲望。欲望就像是一条锁链，一个连着一个，永远都不能满足。

我们每个人都有欲望，但欲望太多了，人生就会变得疲惫不堪。每个人都应学会轻载，更应该学会知足常乐，因为心灵之舟载不动太多的重荷。

《菜根谭》中指出："人生减省一分，便超脱一分。"在人生旅程中，如果什么都减省一些，便能超越尘事的羁绊。一旦超脱尘世，精神便会更空灵。简言之，即一个人不要太贪心。洪自诚曾说："减少实际应酬，可以避免不必要的纠纷；减少口舌，可以少受责难；减少判断，可以减轻心理负担；减少智慧，可以保全本真。不去减省而一味地增加的人，可谓作茧自缚。"

人们无论做什么事，均有不得不增加的倾向。其实，只要减省某些部分，大都能收到意想不到的效果。倘若这里也想插手，那里也要兼顾，就不得不动脑筋，过度地使用智慧，而这就容易促生奸邪欺诈。所以，只有凡事稍微减省些，才能回复本来的人性，即"返璞归真"。

《呻吟语》的作者吕坤说过："福莫大于无祸，祸莫大于求福。"意即没有不幸的灾祸降临，就是最大的幸福；一天到晚四处钻营的人，比任何人都更加不幸。

所以，人一定要忍耐住自己的欲望，不要为欲望所驱使、所奴役。心灵一旦被欲望侵蚀，就无法超脱红尘，而只能为欲望所吞灭。只有降低欲望，在现实中追求真正有意义的人生目的，人才会活得快乐。

3 人生在忍耐中不断前行

以忍图强，在磨难中铸就摧枯拉朽的才干

忍让不是一个抽象的概念，而是内涵丰富的一种谋略，忍让不是消极沉默，而是蓄势待发。忍让实质上是一种动态的平衡，当量积累

到一定的时候必然会发生质的转换。忍让是意志的磨炼、爆发力的积蓄，忍让是无奈时的智慧选择，是暴风雨中明丽彩虹的酝酿，在忍耐时最重要的是我们要耐得住寂寞、失落，甚至屈辱和辛苦，等待和把握好进攻的最佳时机。

周敬王二十四年（前496年），吴王阖闾统领大军亲征越国，越王勾践迎战。这次战争以吴王阖闾大败而告终。阖闾在退兵回吴的途中，由于病情恶化，命殒黄泉。

阖闾死后，按照遗嘱，太子夫差接替了王位。夫差将阖闾葬于海涌山。

服丧期间，夫差念念不忘杀父之仇，并对天盟誓："一定要灭掉越国，为父报仇！"

为了早日实现复仇的愿望，夫差日夜操练兵马，储备粮草，铸造武器。经过3年多的充分准备，夫差于周敬王二十七年（前493年）进攻越国，由大将伍子胥和伯嚭率军30万，向越国进发。

吴越两军相距10里，摆开了阵式。吴王夫差亲自擂鼓助威，吴国将士士气高涨。此时，吴军又处顺风，如同猛虎下山，杀得越军只有招架之功，没有还手之力。激战良久，越军兵士死伤无数，吴军则越战越勇，势如破竹，穷追不舍，将勾践藏身的会稽山围得水泄不通。勾践走投无路，只得束手就擒。

后来双方达成了和议。议和的条件是，勾践和他的妻子到吴国来做奴仆，大夫范蠡随行。吴王夫差让勾践夫妇到自己的父亲吴王阖闾的坟旁，为自己养马。那是一座破烂的石屋，冬天如冰窟，夏天似蒸笼，勾践夫妇和大夫范蠡一直在这里生活了3年。除了每天一身土、两手粪以外，夫差出门坐车时，勾践还得在前面为他拉马。每当从人群中走过的时候，就会有人叽叽喳喳地讥笑："看，那个牵马的就是越国国王！"

这实在是够能屈的了，由一国之君变成奴仆了，还为人养马、备受奴役。而他之所以会强忍着这所有的一切屈辱，为的就是日后的崛起。

一次，夫差病了，勾践在背地里让范蠡预测一下，知道此病不久就会好。于是他就亲自去见夫差，探问病情，并亲口尝了尝夫差的粪便，然后向夫差道贺，说他的病很快就会好的。夫差问他怎么知道。勾践就胡编说："我曾经跟名医学过医道，只要尝一尝病人的粪便，就能知道病的轻重。刚才我尝了大王的粪便，味酸而稍微有点儿苦，用医生的话说是得了'时气之症'，所以病会好。大王不必担心。"果然不出几天，夫差的病就好了。由此，夫差认为勾践比自己的儿子还孝顺，所以深受感动，就把勾践放回了国去。

越王深为会稽山之耻而痛苦，一心伺机报仇。他睡不好觉，吃不好饭，不亲近美色，不看歌舞。他苦心劳力，对内安抚群臣，对下教养百姓，历时3年，终得民心。

为了更好地笼络群臣百姓，每当有甘美的食物，如果不够分，勾践自己就不敢独吃；有酒，则把它倒入江中，与人民共饮。勾践靠自己耕种吃饭，靠妻子亲手织布穿衣，吃喝不求山珍海味，衣服不穿绫罗绸缎。为了坚持锻炼自己的斗志，勾践不过舒服的生活，连褥子都不用，床上铺的是柴草。他还经常预备一个苦胆，随时尝一尝苦味，以提醒自己不忘所受之苦。他还经常外出巡视，并让随从车辆装着食物去探望孤寡老弱病残之人，以送给他们食物吃。最后，他召集诸大夫，向他们宣告说："我准备和吴国开战，拼以死活，希望士大夫们能和我一起战斗。跟吴王决斗，这是我最大的愿望。如果这些办不到，我将抛弃国家，离开群臣，身带佩剑，手举利刀，改变容貌，更换姓名，去当仆役。我会拿着箕帚侍奉吴王，以便找机会跟吴王决战。我虽然知道这样做危险很大，要被天下人所羞辱，但是我的决心已定，一定要想办法实现！"

经过"十年生聚"（发展生产力和集聚国力），"十年教训"（教育训练和武装百姓），勾践认为时机已经成熟，便出兵伐吴。他一举打败了吴国，雪耻前仇。吴王夫差兵败自杀，越国也因此跃升为当时最强的国家。

古人云："能忍辱者，必能立天下之事。"人的一生像月亮一样有盈有亏，若是不能估测自身实力、审时度势，受一点儿欺侮就"揭竿而起"，势必招来惨痛的灾祸。因此，要想获得成功，一方面我们要能够沉下心来努力地修炼自己，提高自己的才能；另一方面我们也要耐得住性子，以等待合适自己的机会。这样人生才可能取得成功。

退让是"会忍"

善忍是成大事者必备的习惯之一。我们常说"忍一时风平浪静，退一步海阔天空"，可是，又有几个人能真正做到呢？

"忍"其实就是一种自我控制，也是成功的基础，更是经过千锤百炼而形成的一种习惯。"忍"字常是一些有修养的人的一种品质。不仅对他们，对于每一个人，"忍"字都有着它特定的意义。

《涅槃经》云："昔有一人，赞佛为大福德。相闻者乃大怒，曰：'生才七日，母便命中，何者为大福德？'相赞者曰：'年志俱盛而不卒，暴打而不嗔，骂亦不报，非大福德相乎？'怒者心服。"佛者以忍之性使怒者心服，不也说明了忍的功用吗？

忍有其功用，但也有其缺点，我们要学会活用"忍"字。其实人生并不能一味地忍，如果人一味地忍那就毫无生气可言了。那"忍气吞声"的原因是什么呢？俗话说："天有不测风云，人有旦夕祸福。""十年河东，十年河西。"事物是不断发展变化的。因此，若忍住了暂时不利的局势，机会总会来临。不要耐不住等待，当你羽翼未丰时，以卵击石，强行对抗，到头来吃亏的总是你。因而我们说，人要"能忍"，更要"会忍"。

公元 1224 年，宋宁宗病死。由于他的 8 个儿子都早早地死了，权相史弥远便千方百计地在绍兴民间找到一个叫赵与莒的 17 岁少年，系宋太祖的第 10 世孙。史弥远把他召到临安，改名赵贵诚，拥立为太子。后来又不顾杨太后的反对，强行拥立赵贵诚为皇帝，并改名为赵昀，这就是宋理宗。理宗青年嗣位，尚未成婚，直到服丧告终后才议选中宫。一班大臣贵戚听说皇上选中宫，都将生有殊色的爱女送入宫中。左相谢深甫有一孙女，待人谦和，贤淑宽厚。杨太后当年在做皇后时曾得到过谢深甫的不少帮助，因此她想立谢氏为皇后。除了谢氏外，当时被选入宫的美女共有 6 人。宁宗时的制置使贾涉的女儿长得颇有姿色，而且还善解人意，理宗对他十分满意，一心想册立她为皇后。

可是杨太后却说："立皇后应以德为重，封妃可以色为主。贾女姿容艳丽，体态轻盈，但尚欠庄重。而谢氏则丰容端庄，理应位居中宫。"理宗听后马上表现出醒悟的样子，非常高兴地顺从了杨太后的意愿，册立谢氏为皇后，另封贾女为贵妃。其实，理宗心里一千个不愿意，但是他为什么又答应了杨太后的要求呢？原来，理宗心想，自己即帝位本就有诸多争议，此时如果不顺从太后的意愿，与她抗争，太后必定会忌恨于自己，说不定会废除自己的皇位，另立天子。大丈夫能屈能伸，为什么自己不能忍耐一下，答应她的要求呢？总有一天，她是要死的，到时候，谁还能管得了自己？

宋理宗就是按照这一想法行事的，大礼完毕后，理宗对谢后一直是客客气气，全按礼数办，并能像例行公事似的时时在谢后那儿逗留一晚，使杨太后更加感到自己决定的正确。过了 2 年，杨太后撒手人寰，此时羽翼已丰的理宗，见此时机，便天天与贾妃在一起，无所忌惮地宠幸贾妃。

忍显示着一种力量，是内心充实、无所畏惧的表现。忍是一种强者才具有的精神品质。"忍"不是目的，而只是手段。忍是因为目前还无力反抗或不必反抗，而当具备了相当实力，就可以一举翻身、扬眉吐气了。

以屈求伸，退中求进

在现实生活中，放着直路不走走弯路，无疑是个十足的傻瓜。然而，在漫漫人生中，尤其是在官场生活中，两点间的最短距离往往不是直线，而是曲线。什么时候应当强硬，什么时候又需要妥协，都不是一成不变的，暂时的妥协不过是为了将来的强硬。因为面对悬崖峭壁，如果直着走过去，不仅不能到达对面，反而会被摔得粉身碎骨。所谓"以屈求伸"、"以曲为直"、"以退为进"、"将欲取之，必先予之"等，都是围绕着"迂"和"直" 两个字做的文章。

尤其值得提醒的是：退却是指半途而止，并不是半途而废，它包含着积极的内涵，而不是消极地夹着尾巴逃跑。为了把握好这一点，让我们再重温一下浪里白条张顺"退中求胜"，智胜黑旋风的故事。

《水浒》第 37 回有"黑旋风斗浪里白条"的情节，十分精彩。其文描写李逵与戴宗、宋江 3 人在靠江琵琶亭酒馆饮酒，李逵到江边渔船抢鱼，后趁着酒兴闹将起来：

正热闹时，只见一个人从小路里走出来，众人看见叫道："主人来了，这黑大汉在此抢鱼，都赶散了渔船。"那人道："什么黑大汉，敢如此无礼？"众人把手指道："那厮兀自在岸边寻人厮打。"那人正来卖鱼，见了李逵在那里横七竖八打人，便把秤递与行贩接了，赶上前来大喝道："你这厮要打谁？"李逵不回话，抢过竹篙往那人便打。那人抢过去，早夺了竹篙。李逵一把揪住那人头发，那人便奔他下三面，要跌李逵。可他怎敌得李逵水牛般气力，直被推将开去，不能够拢身。那人又往李逵肋下擂得几拳，李逵哪里看在眼里。那人又飞起脚来踢，被李逵直把头按将下去，提起铁锤般大小拳头，去那人脊梁上擂鼓似的打。那人怎生挣扎？李逵正打得起兴，被一个人在背后劈腰抱住，另一个人也来帮忙，喝道："使不得，使不得！"李逵回头看时，却是宋江、戴宗，便放了手。那人略得脱身，一道烟走了。

戴宗埋怨李逵道："我教你休来讨鱼，又在这里和人厮打。倘或一拳打死了人，你不去偿命坐牢？"李逵应道："你怕我连累你吧？我自打死了一个，我自去承当。"宋江便道："兄弟休要论口，拿了布衫，且去吃酒。"李逵向那柳树根头拾起布衫，搭在胳膊上，跟了宋江、戴宗便走。行不得数十步，只听得背后有人叫骂道："黑杀才，我今番要和你见个输赢。"李逵回头看时，便是那人脱得赤条条的，匾扎起一条水裈儿，露出一身雪练似的白肉……在江边独自一个把竹篙撑着一只渔船赶将来，口里大骂道："千刀万剐的黑杀才，老爷怕你的，不算好汉！走的，不是好男子！"李逵听了大怒，吼了一声，撇了布衫，抢转身来。那人便把船略拢来，凑在岸边，一手把竹篙点定了船，口里大骂着。李逵也骂道："好汉便上岸来。"那人把竹篙去李逵腿上便搠，撩拨得李逵火起，突的跳在船上。说时迟，那时快，那人只要诱得李逵上船，便把竹篙往岸边一点，双脚一蹬。李逵当时慌了手脚。那人更不叫骂，撇了竹篙叫声："你来，今番和你定要见个输赢。"便把李逵胳膊拿住，口里说道："且不和你厮打，先教你吃些水。"说着他用两只脚把船只一晃，顿时船底朝天，英雄落水，两个好汉扑通地都翻筋斗撞下江里去。宋江、戴宗急忙赶至岸边，见那只船已翻在江里，两个便只在岸上叫苦。江岸边早拥上三五百人在柳荫底下看，都道："这黑大汉今番却着道儿，便挣扎得性命，也吃了一肚皮水。"宋江、戴宗在岸边看时，只见江面开处，那人把李逵提将起来，又淹将下去，两个正在江心里面清波碧浪中间，一个显浑身黑肉，一个露遍体霜肤。两个打作一团，绞做一块，看得江岸上那三五百人没一个不喝彩。

浪里白条张顺，将"陆战"变成"水战"，在一退一进之间创造战机，扬长避短，找到了战胜李逵的上策。号称"铁牛"的李逵毕竟不是水牛，他被灌饱江水，吃够了苦头。

退与进是一对矛盾，二者既相互对立，又相互统一。不能将后退的举动一概视为怯懦和软弱。在无法前进的情况下，适当地后退往往是一种必要的、理智的行为。

刘备、诸葛亮火烧博望坡后，曹操发兵数十万，以曹仁为先锋大举南下，兵锋直指刘备的屯兵之地——新野。根据诸葛亮的提议，刘备退据樊城，同时火烧新野击败曹仁。鉴于刘表已死，荆州新主刘琮投降曹操，刘备集团失去了后盾，诸葛亮建议再行后退。刘备率军兵和百姓弃樊城，过汉江，退往襄阳。刘琮拒不接纳刘备入城，诸葛亮主张向江陵撤退。由于刘备不肯舍弃跟随的百姓，退却的速度很慢，致使江陵被曹操抢占。刘备与诸葛亮等商定后，全军退往汉江与长江的交汇处——夏口，取得了休养生息、壮大力量的机会。在休整兵马、加强防备的同时，诸葛亮乘孙权派鲁肃来夏口探听虚实之机，随鲁肃到江东，一番游说使孙刘结成联盟，在赤壁大破曹军，实现了刘备、诸葛亮打败曹操的目的。曹军败退后，刘备集团得以长驱大进，夺取了荆州。至此，半生漂泊的刘备终于得到了一块真正属于自己的地盘。

可见，在前进受阻时，退后一步再图进取，往往能相对容易地达到目的，这就是以退为进。如果刘备不从新野、樊城主动后退，不仅无法打败曹操，而且会使刘备政权无法继续生存下去。因为小小的新野、樊城连同那少得可怜的兵马，根本不在曹操大军的话下。

相比之下，南下的曹操却只知进取，不懂后退。当他进到长江边上，兵马虽多，但都已疲惫不堪，已是"强弩之末，势不能穿鲁缟"。这时候，他本该停顿下来或稍稍后退，但曹操仍然劳师远征，试图将孙权、刘备一举消灭。结果在赤壁以众败寡，狼狈至极。赤壁一战后，曹操不得不退回中原，终其一生，到底未能消灭孙权和刘备。

这无疑是告诉我们必须处理好退与进的关系：退，向对手让步，是避敌锋芒、摆脱劣势的手段，是赢得进的积极行动。可是一般人在谋划时喜进而厌退，认为退是怯弱的表现。殊不知退的软弱正可以被利用来麻痹对手，掩盖自己对进的准备和行动。如此看来，其实在"软弱"中也可能蕴藏着力量。

古代哲学家老子提出"进道若退"，他力主以柔克刚、以退为进，这又岂是只知猛冲猛打的人所能理解的呢？

无论是战场还是商场，也无论是胜利后的退却还是失败后的退却，只要"退"仅是手段，而不是最后目的，只要有利于整体目标的实现，"退"又何尝不是上策呢？大自然中的狼族有许多的成功猎捕，正是由"退中求胜"所换取的。

因此，退中求胜的积极意义可概括为：保存实力、重整旗鼓以及待机战胜。

低调做人的同时也要高标处世

第九章
低处修心，高处成事

哲学家尼采曾说："一棵树要长得更高、更壮，接受更多的光明，那么它的根就必须更深入黑暗。"正像树一样，一个人要想成功，就得把志向放在高处，把心端平，踏踏实实，走稳每一步，这样才能步步为营、后劲十足。

1 于低调中修炼成功心法

非淡泊无以明志，非宁静无以致远

一般人谈到平常心的问题，很喜欢引用一句话："宁静致远，淡泊明志。"但要深刻地理解这句话，却是很不容易的。这句话出自诸葛亮的《诫子书》，即诸葛亮告诫儿子如何做学问的一封信。原文如下：

"夫君子之行，静以修身，俭以养德，非淡泊无以明志，非宁静无以致远。夫学须静也，才须学理也。非学无以广才，非静无以成学。慆慢则不能研精，险躁则不能理性。年与时驰，意与日去，遂成枯落，多不接世。悲守穷庐，将复何及！"

这段精炼的文字充分表达了诸葛亮儒家思想的修养，而且语言十分优美。文体内容亦相当简练，一如他处世的简单、谨慎。现在让我们来细细品味这封信的含义：

文中一开始，他教儿子以"静"来做学问，以"俭"来养德。其中"俭"不仅仅是指节省，还指自己的身体、精神也要保养，要简单明了，一切干净利索。"非淡泊无以明志"，就是养德方面。"非宁静无以致远"，就是修身治学方面。"夫学须静也，才须学也"是求学的道理，即心境要宁静才能求学，才能也要靠学问来培养。"淫慢则不能励精"，"淫"就是自满，"慢"就是放纵怠惰。该句的意思是如果主观不努力，而且放纵怠惰，求学问就不能精研。"险躁则不能治性"，为什么用"险躁"？因为人做事情都喜欢占便宜、走捷径，走捷径就会行险侥幸，这是人最容易犯的毛病。尤其是年轻人，暴躁、浮躁就不能理性地处理问题。"年与时驰，意与日去"，是说年龄跟着时间过去了，人的思想又跟着年龄在变。"遂成枯落，多不接世。悲守穷庐，将复何及！"少年不努力，等到中年后悔，就来不及了。

我们都听说过"江郎才尽"的故事。江淹在未成名之前，由于志行高洁，一心砥砺自己的德行，所以写出的诗文调高曲精，文采冠绝一时。这时他完全被诗的圣洁所吸引，无暇顾及物质方面的满足。而一旦成名之后，他置身官场，终日花天酒地，酒肉穿肠，美女入怀，从而激起了他对物欲的新要求。由于没随时检查自己的思想，他在物质的诱惑下越陷越深。最终，他的心灵完全为物欲所占领，精神殿堂也一片空白，这样"江郎才尽"就在乎情理之中了。

老子说："重为轻根，静为躁君。"

轻率就会丧失根基，浮躁妄动就会丧失主宰，非淡泊无以明志，非宁静无以致远，持重守静乃是抑制轻率躁动的根本。故而简默沉静者，大用有余；轻薄浮躁者，小用不足。浮躁就是种种炽情惑乱了我们的心，蒙蔽了我们对事物整体的理智识见，从而忽视或排斥了理性而任由感情发泄。

古代有个叫养由基的人精于射箭，且有百步穿杨的本领。

有一个人素慕养由基的射术，决心要拜养由基为师，经过几次三番的请求，养由基终于同意了。收为徒后，养由基交给他一根很细的针，要它放在离眼睛几尺远的地方，整天盯着看。看了两三天，这个学生有点儿疑惑，问老师说："我是来学射箭的，老师为什么要我干这莫名其妙的事，什么时候教我学射术呀？"养由基说："这就是在学射术，你继续看吧。"于是这个学生继续看。过了几天，他又有些烦了。他心想我是来学射术的，看针眼能出神射吗？这个徒弟不相信这些，于是养由基开始教他练臂力的办法，让他一天到晚在掌上平端一块石头。他伸直手臂，将石头平端在手掌上。刚开始倒不觉得累，可一会儿之后，手臂就开始发酸发胀，实在很累了。于是那个徒弟又想不通了，他想，我只学他的射术，他让我端这石头做什么？尽跟我耍花招，一点儿诚意也没有。养由基看他不行，就由他去了。

这个人最终没有学到射术，只是空走了很多地方。如果他能脚踏实地，不好高骛远，从一点一滴做起，他的射术也许就会精湛起来。

秦牧在《画蛋·练功》文中讲道：必须打好基础，才能建造房子，这道理很浅显。但好高骛远、贪抄捷径的心理，却常常妨碍人们去认识这最普通的道理。人一浮躁起来心里就像长了草，而且是没有根基的草，被急功近利的风一吹就跑掉了，这样结局当然只能是无果而终。

因此，做人切忌浮躁、虚荣、好高骛远，而要沉下心来，守住内心的宁静，淡泊地对待名利，踏实地做事、求学。

志高以求是，心平以守节

稳重冷静是一个人思想修养、精神状态良好的标志。一个人只有保持冷静平和的心态才能思考问题，才能在纷繁复杂的大千世界里站得高、看得远，才能使自己的思维闪烁出智慧的光辉。

清廷派驻台湾的总督刘铭传是建设台湾的大功臣，台湾的第一条铁路便是他督促修的。刘铭传的被任用，有一则发人深省的小故事：

当李鸿章将刘铭传推荐给曾国藩时，还一起推荐了另外2个书生。曾国藩为了测验他们3人中谁的品格最好，便故意约他们在某个时间到曾府去面谈。可是到了约定的时刻，曾国藩却故意不出面，让他们在客厅等候，暗中却仔细观察他们的态度。只见其他2位都显得很不耐烦，不停地抱怨；只有刘铭传一个人安安静静、心平气和地欣赏墙上的字画。后来曾国藩考问他们客厅中的字画，只有刘铭传一人答得出来。

结果刘铭传被推荐为台湾总督。

著名科学家钱学森，作为"两弹一星"的元勋被誉为中国"导弹之父"。获此殊荣他是当之无愧的，可他却多次坚拒。他说："导弹是大家研制出来的，是在共产党领导下研制出来的，绝不是我一个人的功劳，所以不希望新闻界这样宣传我。"许多人想去采访他，写他的传记、报告文学，都被他谢绝了。就是偶尔见到一两篇颂扬他的文章，他也马上给作者和报社打招呼"到此为止"。

钱老不仅淡泊荣誉，而且淡泊物质利益。单位要给他建房，他坚决不同意，因为"我不能脱离广大科技人员"；100万港元的巨额资金支票，他看都未看就全部捐给了西部的治沙事业。至于题词留念，为人写序，参加鉴定会，出席开幕式、剪彩仪式，出国考察，兼任名誉顾问、名誉教授这些可以名利双收、别人求之不得的好事，他更是一概推辞。他这样做，一是他对这些事情看得很淡；二是他要静下心来，争分夺秒地为祖国的科技事业和现代化建设专心工作。这才是他的人生乐趣所在，也是他毕生的不懈追求。

然而，钱老又并非是一个全然恬淡与世无争的世外隐士，他更有着强烈赤诚、义无反顾的爱国热情。

为了回国参加祖国的科学建设，他毅然放弃了国外的优厚生活待遇，放弃了他在国外科技界正如日中天的学术地位和学术头衔，经受住了美国反动势力的种种迫害和打击，经过5年的不屈抗争回到了自己的祖国。回国后，他又把满腔的爱国热情转化为夜以继日的忘我工作，把自己全部的热血和智慧奉献给了祖国的火箭、导弹和航天事业。

"志高以求是，心平以守节"。做人，无论年龄，无论贫富，无论失意与得意，都应该始终坚持一种壮志凌云的气魄，全身心地去干事业、闯天下，报效祖国、奉献社会。把名、利、权、势都当成身外之物、过眼云烟，得意淡然，失意泰然。以此标准衡量，钱老堪称楷模。

《荀子·劝学》中有一段发人深省的话："蟥（蚯蚓）无爪牙之利，筋骨之强，上食埃土，下饮黄泉，用心一也。蟹六跪而二螯，非蛇蟮（鳝）之穴无可寄托者，用心躁也。"意思是蚯蚓没有锋利的爪子和牙齿，身体也不强壮，却能向上以尘土以食，向下以黄泉为饮，那是因为它用心极为专一。而蟹有6条腿（实际上是8条腿）和2蟹钳，自身条件比蚯蚓强得多，但却由于浮躁，如果没有蛇和鳝的洞穴就无处寄身。可见，只要心恒志专，即使自身条件差也能有所成就。反之，自身条件再好，性情浮躁也将一事无成。

"涓流积至沧溟水，拳石垒成泰华岑。"这一出自宋代陆九渊《鹅湖教授兄韵》的诗句劝喻人们：涓涓细流汇聚起来，就能形成苍茫大海；拳头大的石头垒起来，就能形成泰山和华山那样的巍巍高山。因此，只要我们勤勉努力，脚踏实地，持之以恒，则不论自身条件与客观条件如何，最终都能走上成才立业之路。

2 修身立德，道路将越走越宽

诚信是安身立命之本

"诚信"就是诚实守信。"诚"和"信"二者的含义在本质上是相通的。许慎在《说文解字》中说："诚，信也。"又说："信，诚也。"二者互训。诚信的主要内容是既不自欺，亦不欺人，它包含着忠诚于自己和诚实地对待别人的双重意义。宋代著名的理学家周敦颐就把"诚"说成是"五常之本，百行之源"。

《礼记·大学》中说："诚其意者，毋自欺也。"朱熹也说："诚者何？不自欺、不妄之谓也。"

对个人而言，诚信就是要真心实意地加强个人的道德修养，存善去恶，言行一致，表里如一，对他人不存诈伪之心，不说假话，不办假事，开诚布公，以诚相待。一个人只有具备既不自欺又不欺人的优良品质，才能与他人建立和谐的人际关系。所以孟子说："诚者，天之道也；思诚者，人之道也。"他还指出，诚实才能打动人，即"至诚而不动者，未之有也；不诚，未有能动者也"。对此，后人也多有阐释。韩婴说："与人以诚，虽疏必密；与人以虚，虽成必疏。"杜

163

恕说："君臣有义矣，不诚则不能相临；父子有礼矣，不诚则疏；夫妇有恩矣，不诚则离。"《河南程氏遗书》卷二则有这样的话："学者不可以不诚，不诚无以为善，不诚无以为君子。修学不以诚，则学杂；为事不以诚，则事败；自谋不以诚，则是欺自心而自弃其忠；与人不以诚，则是丧其德而增人之怨。"司马光认为，"君子所以感人者，其唯诚乎！欺人者，不旋踵人必知之；感人者，益久而人益信之。"

古人甚至认为诚信是"天之道也"，而且说："唯天下至诚，为能经纶天下之大经，立天下之大本，知天地之化育。"正如通常人们所说的"至诚通天"、"精诚所至，金石为开"。

"诚"如此神通广大，因而人们必须去把握它，并用它去规范自己的一切行为。否则，"不诚无物"，就会什么也干不成，什么也不会有。不诚，国家不会有忠臣孝子和清官廉吏；不诚，个人也不会有贞朋谅友，因为真挚的友谊同样需要用"诚"去获得。而如果言行不一，甚至虚伪奸诈，则必然会形影相吊、独而无友，缺乏良好的人际关系。

诚信为天下第一品牌。以诚待人，是成大事者的基本做人准则。做人做事，都要讲"诚信"二字，养成诚实守信的习惯，才能获得成功的青睐。

1835 年，摩根成为一家名叫"伊特纳火灾"的小保险公司的股东。因为这家公司不用马上拿出现金，只需在股东名册上签上名字就可成为股东。这符合摩根没有现金但却能获益的设想。

就在摩根成为股东不久，有一家在伊特纳火灾公司投保的客户发生了火灾。如果按照规定完全付清赔偿金，保险公司就会破产。这一来，股东们一个个惊慌失措，纷纷要求退股。

摩根斟酌再三，认为自己的信誉比金钱更重要，于是他四处筹款，并卖掉了自己的住房，低价收购了所有要求退股的股东们的股票，然后他将赔偿金如数付给了投保的客户。

这件事过后，伊特纳火灾保险公司有了信誉的保证。

已经身无分文的摩根成为保险公司的所有者，但保险公司却已经濒临破产。无奈之中他打出广告：本公司为偿付保险金已竭尽所能，所以从现在开始，凡是再到本公司投保的客户，保险金一律加倍收取。

不料客户很快蜂拥而至。原来在很多人的心目中，伊特纳公司是最讲信誉的保险公司，这一点使它比许多有名的大保险公司更受欢迎。伊特纳火灾保险公司从此崛起。

过了许多年之后，摩根的公司已成为华尔街的主宰，而当年的摩根先生正是美国亿万富翁摩根家族的创始人。其实成就摩根家族的并不仅仅是一场火灾，而是比金钱更有价值的信誉。

看来，诚是一个人立足的根本，待人以诚，就是信义为要。荀子说："天地为大矣，不诚则不能化万物；圣人为智矣，不诚则不能化万民；父子为亲矣，不诚则疏；君上为尊矣，不诚则卑。"诚能化万物，也就是所谓的"诚则灵"，这正说明了诚的重要性。相反，心不诚则不灵，行则不通，事则不成。一个心灵丑恶、为人虚伪的人根本无法取得人们的信任。明人朱舜水说得更直接："修身处世，一诚之外便无余事。故曰：'君子诚之为贵。'自天子至庶人，未有舍诚而能行事也；今人奈何欺世盗名矜得计哉？"所以，诚是君子之所守也，政事之所本。只有保证诚信的人，才能获得别人对他的支持。

精诚所至，金石为开

真诚待人、真诚做事，这是成功者必备的品质之一。只有具备了这种品质，人才会打开心扉给人看，使人们了解他、接纳他、帮助他、支持他，使他的事业获得成功，使他受到人们的尊重和敬仰。因此，我们应养成真诚待人的习惯，用真诚的心灵赢得事业上的成功。

这是一个发生在英国的真实的故事：有位孤独的老人，没有子女又体弱多病，他决定搬到养老院去。老人宣布出售他豪华的别墅。

购买者闻讯蜂拥而至。别墅底价8万英镑，但人们很快就将它炒到了10万英镑，而且价钱还在不断攀升。

但老人静静地坐在沙发上，满目忧郁。是的，要不是孤苦伶仃、疾病缠身，他是不会将这栋陪他度过大半生的住宅卖掉的。

一个衣着朴素的青年人来到老人跟前，低声说："先生，我好想买这栋住宅，可我只有1万英镑。""但是，它的底价就是8万英镑啊，"老人淡淡地说，"现在它已经升到10万英镑了。"

青年并不沮丧，诚恳地说："先生，如果您把住宅卖给我，我保证会让您依旧生活在这里，和我一起喝茶、读报、散步，天天都快快乐乐的——相信我，我会用我的整颗心来时时关爱着您。"

老人面带微笑聆听着。

突然，老人站起来，挥手示意人们安静下来："朋友们，这栋住宅的新主人已经产生了。"

老人拍着身旁这位青年人的肩膀说道："就是这个小伙子！"

青年终于令人不可思议地赢得了胜利，成了别墅的主人。

人与人的感情交流是具有相互性的。只有敞开自己的心扉，真诚待人、肝胆相照、赤诚相见，才会与他人心心相印。

为人处世如果离开了真诚，则无友谊可言，只有一个真诚人的心声才能唤起一大群真诚人的共鸣。"投之以木桃，报之以琼瑶。"我们待人接物时应秉持真诚的品性。也只有这样，我们每个人的心灵才会美好而快乐，才会愉快地过好每一天，才会在事业上获得更多真诚的帮助。

因此，与人相处，一定要注意以下几点。

1.应当知人而交

当你捧出赤诚之心时，一定要先看看站在面前的是何许人也，千万别对不可信赖的人敞开心扉。否则会令你后悔莫及。

2.要想得到知己朋友，首先得敞开自己的心怀

只有讲真话、实话，不遮掩、不吞吐，才会换得朋友的赤诚和爱戴。正如谢觉哉在一首诗中所写的："行经万里身犹健，历尽千艰胆未寒。可有尘瑕须拂拭，敞开心扉给人看。"

3.以诚待人，要坦荡无私、光明正大

一旦发现对方有缺点和错误，特别是与他的事业关系密切的缺点和错误，就要及时地指出来，督促他立即改正。批评的确不大讨人喜欢，但你不妨换个角度去使他理解接受，从而沟通彼此的心灵，发展

友情。

坚守原则，正直坦荡

正直是美德的基石，是你建立生活大厦的坚实基础。在人的一生中，决定个人价值和前途的不是聪敏的头脑和过人的才华，而是正直的品格。在人生的道路上，一个人必须要坚持自己的信仰，不因迷信权威或者考虑个人的得失而"改旗易帜"，这样才能成为一个品行高尚、受人尊敬的人。

当年，孙权在他哥哥孙策率领的队伍中当兵时，只有十四五岁。因为不习惯军中的苦日子，就免不了要搞点儿"特殊"。孙策帐下主管财政的官员叫吕范，吕范是个"性好威仪、勤侍奉法"的人，当家理财一是一，二是二，无论对谁都不会徇私情。孙权想要弄点钱财作为私用，就不能不走吕范的"后门儿"，请他通融通融，做个假账。可是吕范坚决不给开，每次都得请示孙策后再答复，这惹得孙权很不高兴。后来，孙权当了阳羡这个地方的长官，在财物上还是不够清廉。于是孙策就加强了对弟弟的控制，不时亲自查弟弟的账目。当时孙权身边有个叫周谷的人，很懂得巴结孙权。他投其所好，专门为孙权在借贷往返的单据上做手脚，使孙策查不出任何问题来。孙权自然高兴。孙策死后，孙权掌管了大权。当家才知柴米贵，于是孙权想起年少时办的那些事，更想起了当年"卡"自己的吕范和讨好自己的周谷来。照一般人来看，这回孙权该重用周谷而给吕范穿"小鞋"了。可是孙权不是昏庸愚蠢的人。他认为，周谷改窜账目，欺骗孙策，是心术不正之人，不能重用；而吕范一心为公，忠诚可靠，是个值得重用的人才。于是，孙权以公取贤，使吕范在20多年的时间里从一个普通的将军一直升到了大司马。而吕范也在厚报着孙权，为孙权破曹操于赤壁、杀关羽于麦城、治都于建业，直接或间接地都立下了汗马功劳。吕范死后，孙权每路过其坟墓都呼着吕范的名字，"言有流涕"。

正直的人追求真理，也忠实于真理。无论遇到多大的困难和阻力，他们都会始终坚持自己的原则，不卑不亢，既不献媚于当权者，也不会因为轻视自己而背弃良知。

英国《泰晤士报》的总编西蒙·福格每年五六月都会接到一些大学的请帖。这些大学是想请他去做关于择业就业的演讲，因为他在职业发展方面创造过神话。

然而，每次到大学演讲，他对他的这一经历总是避而不谈。他讲得最多的是另一个故事。

他说他认识一位护士，这位护士刚毕业时，在一家医院做实习生，实习期为1个月。医院规定，在这1个月内，如果能让院方满意，她就可以正式获得这份工作，否则就得离开。

一天，交通部门送来一位因车祸而生命垂危的人，实习护士被安排做外科手术专家——该院院长亨利教授的助手。复杂艰苦的手术从清晨进行到黄昏，患者的伤口即将缝合，但这位实习护士突然严肃地盯着院长说："亨利教授，我们用了12块纱布，可是您只取出了11块。"

"我已经全部取出来了。一切顺利，立即缝合。"院长头也不抬，不屑一顾地回答。

"不，不行！"这位实习护士高声抗议道："我记得清清楚楚，手术中我们用了12块纱布！"

直到这时，院长冷漠的脸上才浮起一丝欣慰的笑容。他举起左手里握着的第12块纱布，向所有的人宣布："她是我最合格的助手。"于是，这位实习护士顺理成章地获得了这份工作。

正直的人是上帝派来保护生命的人间天使，有了他们，人间减少了许多不明的冤魂；有了他们，世间万物都会扬起微笑的脸庞！

正直之所以难以坚守，就是由于它往往要求人们与人性中根深蒂固的某些东西斗争，比如贪欲，比如自私。而战胜了人性中的丑陋，也就战胜了自己。那么，你也就将不可阻挡地在人生道路上驰骋奋进。

3 积水成渊，潜心钻研者终成大器大才

减少旁枝，才能集中力量进取

德国著名哲学家黑格尔认为："一个大有成就的人，他必须如歌德所说，知道限制自己。反之，那些什么事情都想做的人，其实什么事都不能做，而最终归于失败。"

黑格尔说的其实就是一个专注问题。其实专注是一种非常重要的心态，这就好比一棵树，必须剪去旁枝才能长得高大粗壮。同理，你只有把心中的一切杂念清除得干干净净，对准你的目标向前挺进，才会最终走向成功。

平庸者成功和聪明人失败一直是一件令人惊奇的事。人们疑惑不解，为什么许多成功者大都资质平平，却取得了超乎寻常的成就？其实原因很简单，那些看似愚钝的人有一种顽强的毅力和一股"滴水穿石"的专注精神。他们能专注于一个领域，集中精力，耕耘不辍，一步一步地积累自己的优势。而那些所谓智力超群、才华横溢的人却常常四处涉猎、用心不专，以至最终一无专长。

正因为如此，大凡造诣精深的人，都能自觉地约束自己，以减少旁枝，一心一意地投入到自己所从事的事业中去。

英国科学家弗朗西斯·克里克在1962年因参与测定DNA的双螺旋结构而荣获诺贝尔奖。获奖后，登门来访和求见他的人络绎不绝。为此，他设计了一份通用的"谢绝书"，上面写道：

"克里克博士对来访者表示感谢，但十分遗憾，他不能因您的盛情而给您签名、赠送相片、为您治病、接受采访、接受来访、发表电视讲话、在电视中露面、赴宴后作演讲、充当证人、为您的事业出力、阅读您的文稿、作一次报告、参加会议、担当主席、充当编辑、

写一本书、接受名誉学位　　　"

对很多人求之不得的待遇和荣誉，克里克都一概拒绝了。但这并不表明他是一个不食人间烟火、缺乏生活乐趣的人，而只是因为他明白，自己一旦屈从，则再不能保证从事科学研究的时间。如果向克里克请教成功的秘诀，他也会像茨威格那样说："聚精会神，集中所有的力量，完成一项工作。"

专注对任何人来说都是有重要意义的。大物理学家牛顿经常感慨地说："心无二用，心无二用！"有一次，给他做饭的老太太有事要出去，告诉牛顿鸡蛋放在桌子上，要他自己煮鸡蛋吃。过了一会儿，老太太回来了，她掀开锅盖一看，大吃一惊：锅里竟然有一只怀表！原来，这块怀表刚才放在鸡蛋旁边，而牛顿因为忙于运算，错把怀表当鸡蛋煮了。又有一次，牛顿牵着马上山，走着走着他突然想起了研究中的某个问题。他专注地思考着，不由得松开了手，放掉了马的缰绳。马跑了，他却全然不知。直到走上山顶，前面没了路时，牛顿才从沉思中清醒过来，发现手中牵着的马跑了。正是因为这样心无二用，牛顿才成就了他伟大科学家的美名。

正所谓"不聚焦就不能燃烧"，凡大学者、科学家取得的成就，无一不是"聚焦"的功劳。

一山一石、一花一鸟、只言片语，我们都能从中看出生命来，看出精神来，看出人品来。有些人即使和我们相隔千山万水，相隔千年万代，可是我们仍然能从他的只言片语中想象出他的为人怎样。这些便是精神专注的功夫。

《庄子·达生》记载，有位粘知了的驼背老人曾用五六个月时间专心练手腕，他能在竹竿头上堆放两颗弹丸、三颗弹丸乃至五颗弹丸而不使弹丸掉下来，因此粘知了时他能够一粘便是一只，好像在地上拾取东西一样容易。其实，一个驼背的老人粘知了，自身条件是很差的，但是专心和努力却使他在这方面表现出了惊人的技艺。

从古至今，在事业上、艺术上有所成就的人，无不是心无二志、专注勤勉的人。因此，我们在追求成功、实现理想的道路上必须学会舍弃一些东西。只有这样，才能避免无谓的精力浪费，从而更加集中才智，将一件事情做大、做精、做强。

厚积薄发，根深方能叶茂

老子曾说过：大的洁白，是知白守黑，和光同尘，故而若似垢污；大的方正，是方而不割，廉而不刿，故谓没有棱角；博大之器，是经久历远，厚积薄发，故而积久乃成；浩大之声，过于听之量，故而不易听闻；庞大之象，超乎视之域，故而具体无形。

一个希望终成大器的人，重要的是要经历长期的磨炼。"长历磨难，方成大器。"这实在是一句至理名言。尤其是年轻人，更应将此句作为座右铭。只有耐得住寂寞，抱定长期吃苦耐劳的决心，而不是急功近利，才能磨炼自己的匠人品格，才能增长自己的见识，才能锻炼和培养自己正确判断现实、富有远见的眼力。

王羲之7岁那年，拜女书法家卫铄为师，学习书法。王羲之临摹卫书一直到12岁，虽已不错，但他自己却总是觉得不满意。因常听老师讲历代书法家勤学苦练的故事，他便以张芝的临池故事来激励自己。王羲之不停地练习书法，他用坏的毛笔都可以堆成一座小山了。他家的旁边有一个水池，王羲之经常在这里洗笔和砚台，以至于水都变黑了。于是人们把这个水池叫作"墨池"。

为了练好书法，他每到一个地方总是不辞辛劳，四下钤拓历代碑刻，因而积累了大量的书法资料。他在书房内、院子里、大门边甚至厕所的外面都摆着凳子，安放着笔、墨、纸、砚。每想到一个结构好的字，就马上写到纸上。他在练字时，常凝神苦思，不断推敲，到了废寝忘食的地步。

有一次，丫鬟送来了馒头和蒜泥，催着他吃。他却一点儿反应也没有，仍然专注于练习他的书法。丫鬟没办法，只好去告诉他的夫人。当夫人和丫鬟来到书房的时候，却看见王羲之正拿着一个沾满了墨汁的馍往嘴里送，弄得满嘴乌黑。她们忍不住笑出声来。原来，王羲之边吃边练字，由于眼睛还看着字，所以错把墨汁当成蒜泥蘸了。

夫人心疼地说："你要注意保重身体呀！为何要这般苦练呢？"

王羲之回答说："我现在的字虽然写得不错，但都只是因循前人的风格。我要想练成自己的风格，自成一体，就非得下一番苦功夫不可！"

经过长年的勤学苦练，王羲之的书法终于形成了自己独特的风格，其书法的主要特点是平和自然，笔势委婉含蓄，遒劲健秀。后人有评："飘若游云，矫若惊龙。"

荀子在《劝学》中写道："君子曰：学不可以已。青，取之于蓝，而青于蓝；冰，水为之，而寒于水。木直中绳，輮以为轮，其曲中规，虽有槁暴不复挺者，輮使之然也。故木受绳则直，金就砺则利，君子博学而日参醒乎己，则知明而行无过矣！"

这段话的意思是：学习是不可以停止的。靛青，是从蓝草中提取的，却比蓝草的颜色还要青；冰，是由水凝固而成的，却比水还要寒冷。木材笔直，合乎墨线，（如果）把它烤弯做成车轮，（那么）木材的弯度（就）合乎圆的标准了。即使再干枯了，（木材）也不会再挺直，因为经过加工，它已经成为这样的了。所以木材经过墨线测量就能取直，金器在磨刀石上磨过就能变得锋利，而君子广泛地学习并每天检查反省自己，他就会聪明多智，行为就不会有过错了。

另外荀子还认为："积土成山，风雨兴焉；积水成渊，蛟龙生焉；积善成德，而神明自得，圣心备焉。故不积跬步，无以至千里；不积小流，无以成江海。骐骥一跃，不能十步；驽马十驾，功在不舍。"意识是堆积土石成了高山，风雨就从那里兴起了；汇积水流成为深渊，蛟龙就从那里产生了；积累善行养成高尚的品德，精神就能达到很高的境界，智慧也能得到发展，圣人的思想也就具备了。所以不积累小步，就没有办法达到千里之远；不积累细小的流水，就没有办法汇成江河大海。骏马跳跃一次，也不足10步远；劣马拉车走10天，也能走得很远，它的成功就在于不停地走。这是在苦诫我们，学习并非朝夕之功就能一蹴而就的。我们必须"锲而不舍"，才可能有朝一日"知明而行无过"。

4 大化无形，达观之人遨游人生

励精图治，成败自然

人们对成功的理解是有差异的，有许多人认为他们已经得到了所有的社会价值，并认为他们是社会的要人。总之，"他们像心满意足的母牛——他们已停止了生长，终止了学习。"实际上，这不是成功，也不是人来到这个世界上应当争取的全部东西。美国律师威廉斯指出："我认为'成功'或者'胜利'这个词的定义是最大限度地发挥你的能力——包括你的体力、智力，以及精神和感情的力量，而不论你做的是什么事情。如果做到了以平常心去处理任何事情，你就可以感到满足，我认为你便是个成功者了。"所以成功就是把能力最大限度地发挥出来。成功是没有止境的，成功后你不应停滞不前，而要在成功之后追求更大的成功。

生活在不断地奔跑，在不断地超越成功，也在不断地进步。爱因斯坦说："如果有谁自己标榜为真理和知识的裁判官，那他就会被神的笑声所覆灭。"即使你已经取得了很大的成功，也绝不能自满，更不能生活在过去的荣耀之中。成功不是人生停留的归宿，人也不应允许昨天的成功影响今天的工作。

有时，失败是因为对事物的认识有局限性。爱迪生在发明蓄电池的过程中，曾先后经历了5万余次的失败。面对一大堆失败的试验数据，助手们既灰心又沮丧。一个助手对继续试验感到厌烦和疑虑，他问爱迪生："这么多失败难道没告诉您什么吗？"爱迪生只是平淡地回答："是的，我知道了不起作用的东西有5万件。"

有时，失败来自于难以预知的偶然性因素。虽然人们付出了很多，但都在离成功只有一步之遥时发生了意料之外的事情，而致功亏一篑，即所谓的"谋事在人，成事在天"。

通常情况下，谋则成，不谋则不成或者失败，但有时又不是这样的。人不可能总有十足的把握去驾驭胜利，因为常常还有一双人们看不见的手在掌握着事情的发展变化，这就是通常人们所感叹的"天意"，或者说偶然因素。所谓"天有不测风云，人有旦夕祸福"，就是针对这样的情况而言的。

谈偶然因素对成功的影响，还须从千古智囊诸葛亮的一次经历讲起。

孔明第6次出祁山进攻魏国，料定魏国主将司马懿将领兵从背后打劫蜀兵祁山大本营，所以便布置了假象，设了一计。司马懿果然中计，认为诸葛亮作长期打算，大本营必定没有强而有力的防守，便绕道偷袭。果然，他一路上没遇到顽强的抵抗。在离孔明祁山大寨不远时，他遇上了蜀军大将魏延，而魏延也像毫无准备的样子，大败而逃。司马懿以为得计，紧追不舍，一直追进葫芦谷。那里堆满了柴草，司马懿还以为是蜀军草料仓库，所以十分高兴。司马懿正高兴时，士兵却报告说魏延不见了，司马懿一听立即紧张起来。

不等司马懿清醒过来，山上喊声响起。火把、火箭像蝗虫一样往谷底飞，谷底柴草立即熊熊燃烧起来，地底下的火雷也轰隆隆爆炸开来。葫芦谷以葫芦为名，就是说只有一个进口。而这时进口已被堵死，谷内烈焰腾空，浓烟滚滚。司马懿自知必死无疑，他抱着2个儿子痛哭，只等一死。可就在这时，突然风起云涌，瓢泼大雨铺天盖地而来。转眼间火就熄灭了，雷也不炸了。司马懿睁开眼，立即领着残兵败将杀出重围，逃命而去。

在山头观战的诸葛亮，眼看着司马懿一家父子在火阵中挣扎；又看见大雨卷地而来，救了司马懿一家三父子，不禁感慨地叹息："谋事在人，成事在天。天意如此，不能勉强了！"

天不作美，人又奈何！这可以说是一个极具说明意义的"谋事在人，成事在天"的故事。不仅仅对一件具体事情是这样，人的一生中各种偶然因素，也常使人的命运出现阴差阳错，有些甚至叫人啼笑皆非、慨叹不已。而面对意外的结局，诸葛亮仅一声感慨而已，显示了一代奇才对待失败的超然。

人生就是这样，许多事情往往不是你一厢情愿就能决定的。与其处心积虑，最后却落得个"殚精竭虑"、"心受重创"，倒不如一开始就怀抱达观洒脱的心态——励精图治，尽己所能，但对结果却"任其自然"、淡定从容。这样，吃得饱睡得香，从从容容，充充实实，人生岂有不快乐的？

笑对毁誉，宠辱不惊

人大都渴望和追求荣誉、地位、面子，并为拥有它而自豪、幸福。人不情愿受辱，为反抗屈辱甚至可以以生命为代价。所以，现实人生便出现了各种各样争取荣誉的人，形形色色反抗屈辱的勇者和斗士。当然，也有为争宠、争荣不惜出卖灵魂、丧失人格的势利小人。但同时，也有人把荣誉看得很淡，甘做所谓"荣辱毁誉不上心"的清闲人、散淡者。

他们对客观的、外在的出身、家世、钱财、生死、容貌都看得很淡泊，而只追求精神的超脱、洒脱。正所谓"宠辱不惊，看庭前花开花落；去留无意，望天空云卷云舒"。庄子曰："荣辱立然后睹所病。"其意思是说，人们心中有了荣誉的念头之后，就可以看到种种忧心的事情。而过分关心个人的荣辱得失，就只能忧虑烦恼，无以摆脱。比如，他在《徐无鬼》篇中说："钱财不积则贪者忧；权势不尤则夸者悲；势物之徒乐变。"意即追求钱财的人因钱财积累不多而忧愁，贪心者永不满足；追求地位的人常因职位还不高而暗自悲伤；迷恋权势的人，特别喜欢社会动荡，以便从中扩大自己的权势。同时庄子也从正面阐述其观点，说"不为轩冕肆志，不为穷约趋俗，其乐彼与此同，故无忧而已矣"（《缮性》）。即不追求官爵的人，不会因为高官厚禄而喜不自禁，不会因为前途无望、穷困贫乏而随波逐流、趋势媚俗。荣辱面前一样达观，所以他也就无所谓忧愁。这些都可以看作"宠辱不惊"的"原因"。

而更进一步追求"宠辱不惊"的人性原因，则可借用孟子的话："养心莫善于寡欲。其为人也寡欲，虽有不存焉者，寡矣；其为人也多欲，虽有存焉者，寡矣。"意思是讲，如果一个人心中的欲望是很有限的，那么对于他来说，外界获得的东西是多是少都与自己无关，少了不足以产生内心的不平衡，多了也不会助长他的欲望。而若一个人充满着无尽的欲望，那么他永远也不会有舒心的时候。在名利的驱动下，很多人一心想着往上爬、挣大钱，而名利增长了以后，他的欲望会再一次提升。如此循环下去，他将永远追逐着名利，直至生命的尽头仍然得不到满足。孟子在这里对清心寡欲的好处和欲壑难填的弊端可真是论述得十分精辟透彻。许多人知道北京故宫有个养心殿，养心为何?其实一个人的精力是有限的，最易疲劳的是心，如果心灵得不到解脱，终日诚惶诚恐，则终会有心衰力竭的时候。而如果能淡化世间的功过得失，时常保持一种宁静的心态，那么我们就会有更充沛的精力去干自己应该干的事，不至于被外物役使而中断了自己的前程。

对于已得到高官厚禄、盛名佳誉的人来说，则可借用庄子的另一句话来使自己"不喜不惊"："得而不喜，失而不忧；知分之无常也。"意思是得到了荣誉、厚禄不必狂喜狂欢，失去了荣誉、厚禄也不必耿耿于怀；忧愁与哀伤，其中所包含的深刻哲理，就是得失界限不会永远不变。看来，一切功名利禄都不过是过眼烟云，得而失之、失而复得都是经常发生的。而只有意识到一切都可能因时空转换而发生变化，人才能够把功名利禄看淡、看轻、看开，真正做到"宠辱毁誉不上心"。

那种以家世、钱财和容貌来划分宠辱毁誉的人，尽管具体标准可能不同，但其着眼点、思想方法都是一致的。他们都是从纯客观、外在的条件出发，并把这些看成是永恒不变的财富，而忽视了主观的、内在的、可变的因素，而这样做，最后吃亏的肯定是自己。

达·芬奇认为："美德的荣誉比财富的荣誉不知要大多少倍。"

这种重德轻财的荣誉观与"难得糊涂"一脉相通。历来的士大夫和有精神追求的人，往往在荣辱问题上采取顺其自然的态度，或仕或隐，无所用心。正如孔子所说："天下有道则见，无道则隐。"他们能上能下，宠辱皆无所谓，只要顺势、顺心、顺意即可。这样一来，他们既可以在条件允许的情况下实现自己的抱负，又不至于为争宠争禄而劳心费神。

但也要注意，在修身养性的过程中，有时利害会与人格发生冲突，这时人应以保全人格为最高原则，而不应因物而失去本性和人格。如果放弃人格而趋利避害，即使一时得意，也要长久地遭受良心的谴责。

现实生活中，每个人都可能有这样的经验和体会，当你放弃利害、保全人格时，那种欣喜愉悦是发自肺腑的、淋漓尽致的。一个心地坦荡、人格高尚的人，他的心永远都是宁静安逸的。而斤斤计较之人，其心境则始终是风雨飘摇的。心境不净的人，是永远达不到"宠辱不惊"的崇高境界的。

乐天知命，知足常乐

"知足者常乐"，这是人们通常说服别人或说服自己，以求得心理平衡的道理，也是糊涂修身的原则之一。人生往往都是忧多于喜，要说服别人或说服自己还就得这样想。人往高处走，水往低处流，谁不想生活、工作条件好些，精神安逸些？但想归想，事实上未必都能一一满足。在各种理想、愿望，甚至连小小的打算都未能成为现实的时候，你就要学会承认和接受现实，并且不消极、不失望，自己主动寻找心理平衡。在这里比较法很管用，即和过去比，和自己比，而不要和高于自己、强于自己的他人比。比如你总觉得你的收获不如付出多，那你就应该和付出比你更多、获得比你还少的人比，这样你心里就舒服了。当自己的学业经历多年长进不大时，你就应该想想从前的你还没有现在这么多知识，虽然进步不大，但也毕竟有了进步。

　　"知足者常乐"多数情况不是指物质条件的获得，而物欲的满足则不应无限制地追求那些不现实的、得不到的东西。正像卢梭所说的那样："人啊，把你的生活限制于你的能力，你就不会再痛苦了。"

　　"知足者常乐"这个原则在你忧愁烦恼之时，会让你找到心理平衡，克服种种不切实际的欲望，特别是物欲。生活本是丰富多彩的，除了工作、学习、赚钱、求名，还有许许多多美好的东西值得我们去享受：可口的饭菜、温馨的家庭生活、蓝天白云、红花绿草、飞溅的瀑布、浩瀚的大海、雪山与草原、大自然的形形色色、遥远的星系、久远的化石……此外还有诗歌、音乐、沉思、友情、谈天、读书、体育运动、喜庆的节日……甚至工作和学习本身也可以成为享受——如果我们不是太急功近利，不是单单为着一己的利益着想的话，辛苦劳作也会变成一种乐趣。

　　让我们把眼光从"图功名"、"治生产"上稍稍挪开，去关注一下上帝加于我们生命、生活中的这些美好吧。

　　据说恺撒与亚历山大即使在战事最繁忙的时候，也仍然充分享受自然的、正当的生活乐趣。他们认为，享受生活乐趣是自己正常的活动，而战事才是非常的活动。文艺复兴时期法国著名思想家蒙田认为他们持这种看法是明智的——"这不是要使精神松懈，而是使之增强，因为要让激烈的活动、艰苦的思索服从于日常生活习惯，那是需要有极大的勇气的。"蒙田还提出，"我们的责任是调整我们的生活习惯，而不是去编书；是使我们的举止井然有序，而不是去打仗、去扩张领地。我们最豪迈、最光荣的事业乃是生活得惬意，一切其他事情：执政、致富、建造产业，充其量只不过是这一事业的点缀和从属品。"

　　努力地工作和学习，创造财富，发展经济，这当然是正经的事。然而人的一生并不仅仅为这些活着，人还要懂得享受生活。而且从另一方面来说，人也只有充分地享受和领略生活的乐趣，才能迸发出更为积极的热情及创造力，用以推动工作和学习向更好的方向发展。而享受生活，必须得有一定的物质基础。只有衣食无忧，才谈得上文化和艺术，饿着肚子是无法去细细欣赏山灵水秀的，更莫说是寻觅诗意了。所以，人类要努力劳作，但劳作本身不是人生的目的，人生的目的是"生活得惬意"。一方面勤奋工作，一方面使生活充满乐趣，这才是和谐的人生。

但是，我们说享受生活，并不是说要去花天酒地，也不是要去过懒汉的生活，吃了睡，睡了吃。如果这样"享受生活"，那实际是在糟蹋生活。

享受生活，是要努力去丰富生活的内容，努力去提升生活的质量。愉快地工作，也愉快地休闲，如散步、登山、滑雪、垂钓，或干脆就是坐在草地或海滩上晒太阳。而在做这一切时，要使杂念中断，使烦忧消散，使灵性回归，使亲伦重现。用乔治·吉辛的话说就是过一种"灵魂修养的生活"。

爱因斯坦刻苦地攀登科学高峰，但他也没忘了时时拉拉小提琴，让心灵沉浸在美妙的音乐里。毛泽东一生戎马倥偬，日理万机，但仍会忙里偷闲去江河游泳，和大自然亲近。陈毅国务繁忙，却总要抽空下下围棋，领略黑白世界的妙趣。

"乐天知命，知足常乐"。学会享受生活吧，不要让心灵承受太多的欲望和禁锢，而要真正去领会生活的诗意、生活的无穷乐趣。这样我们工作和学习起来，才会感到更有意义。

第十章
低调对人，高标对己

　　低调的人"宽以待人，严于律己"。他们是人群中的谦谦君子，温文尔雅，平易近人。低调的人，既可处顺，又可处逆；既可攻，又可守。他们能够于复杂诡异的人际环境中进退自如、游刃有余。

1 言辞上温婉的同时要修炼口才

到什么山头唱什么歌

世界上没有两个完全一样的人，因为人有民族、地域、年龄、性别、经历、文化程度、性格特征、兴趣爱好、心理状态和所处环境等的区别。

人与人之间的差异有时是惊人的。独特的个性、爱好，独特的知识结构、心理态势，决定了某个人只能是"这样"而不能是"那样"。因此，与不同的人交谈，就要采取不同的谈话方式。

俗话说"看人下菜碟，量体裁衣裳"，说话时亦应见什么人说什么话。那么，是不是就要"曲意逢迎"、"逢场作戏"呢？可以说"是"，也可以说"不是"；可以庸俗化，歪曲为虚情假意，也可以实事求是，理解为灵活机动，具体问题需具体对待。

我们主张说话一定要看场合和对象是为了遵循交际规律，在真诚待人、平等互利的基础上看准对象才说话，以科学的态度掌握人际交流的艺术。

（1）说话首先要看对方年龄，与长辈说话和与晚辈说话的分寸应各不相同

作为长辈，特别是上了年纪的人的一大特点是喜欢追忆往事。如果你能令他回想起曾经历过的某一段美好时光，他会变得很快乐，喜欢同你说话，而一旦打开话匣子，就会有说不完的话。在同年纪较

大的长辈说话时，应避免过多地谈及"老"，这样会使他觉得自己行将就木，感叹人生短促，引发他的伤感情绪。而如果遇到一位"不服老"的人，他就将会对你产生不满。因此，与长辈说话，不应该像与平辈说话那样无所顾忌，要注意分寸。

与长辈谈话，也不必过分表示你的恭敬有礼，或者勉强自己一定要听完他的长谈。由于老年人一般讲话缓慢，有时碰上一位融洽的闲聊者便会滔滔不绝、话无止境。因此，听他讲多长时间应随自己的兴趣而定。不管他如何漫谈，可以让他讲完一个完整的故事，然后借机离开。离开时对他的谈话表示热情的感谢，再礼貌地告别。

有些长辈，虽然年纪不小了，还能保持年轻人的心态，像个老顽童一样快乐。他们会以幽默克服自己的弱点，对于社会仍能事事关心，甚至完全不觉得老。但也有不少长辈，在独处时会感到寂寞，有的还会因为老来多病而苦恼。对于前者，我们可以稍微放开些，与之漫谈。而对于后者，我们则应该多给予关心，多讲一些安慰的话。唤起自己的同情之心，同长辈谈话的分寸也就好掌握了。

如果是跟晚辈说话，那么首先不要摆老资格。经验这个东西绝非万能之物，如果老年人张口闭口就是"我当年如何如何　"　"你们年轻人该如何如何　"这样的话，相信没有哪个年轻人爱听。这就是与晚辈说话不讲分寸的一个体现。

长辈与晚辈相处，应多谈一些年轻人感兴趣的话题。所谓的经验，有时是有局限性的。此一时，彼一时；此一地，彼一地；环境千差万别，经验不可能永远万能。

此外，长辈还不应倚老卖老。有些老人在与晚辈谈话时，经常漫不经心、心不在焉，使得青年人感到自己被轻视了。即使他面前的老人据其阅历、学识有足够的理由轻视他，他也很难愉快地接受这种轻视。这种情绪的影响往往会堵住思想的闸门，使他们不愿意再同老人多说，甚至把已经准备好的心里话、把急需和老人商谈的问题再"咽"回去。

所以，与晚辈说话时，不要对一切来自青年人的看法轻易否定，而应在做出中肯的分析后帮助他们答疑解惑，给予满腔热情的支持。

即使年轻人的某些看法显得不成熟，显得幼稚、单纯、片面，老人也不要随便几句话便做出全盘否定。

（2）说话时还要注意不同的人有着不同的基本情况，比如对方的性别、文化程度、身份、职务等

对不同性别的人讲话，应当选择不同的方式。

一位男青年碰到了好多年不见的女同学，大声嚷嚷起来："你真是越长越'苗条'了！可惜啊，中国没有相扑运动。"女同学扭头就走，男青年讨了个没趣。

对于"老"字，男人一般觉得没多大关系，但若说某位女性老，她就会非常不悦。

说话看对象，文化程度也是很重要的一项。

人口普查员填写人口登记表时，问一个没有文化的老太太："您有配偶吗？"老太太说："你问我有没有买藕吗？"结果闹了个笑话。

1954年，周恩来总理出席日内瓦国际会议。为了向外国人宣传中国人爱好和平，代表团决定为外国记者举行电影招待会，放映越剧艺术片《梁山伯与祝英台》。为此，相关工作人员专门为外国朋友准备了一份厚达16页的说明书。周总理看后批评说："不看对象，对牛弹琴。"后来周总理建议说："你只要在请柬上写一句话：请你欣赏一部彩色歌剧电影，中国的《罗密欧与朱丽叶》。"这一句话果然奏效，赢得了外国人的赞赏。

说话看对象还要看对方的身份职务。身份职务不同并不妨碍人际交流，下级对上级、晚辈对长辈、学生对老师、普通人对于有名气地位的人等，不应当也不必要表现得屈从、奉迎。但在言谈举止上则不要过于随便，有必要也应当表现得更加尊重一些。如学生与老师之间发生了矛盾，可以像同学之间发生矛盾一样平等地交流、沟通，但在说话上应当注意方式和讲究措辞。

（3）谈话对象的性格和心理状态也是应该注意的

性格外向的人易于和人交谈；性格内向的人多半"沉默寡言"，不善于主动与人交谈。所以同性格开朗的人谈话，你可以侃侃而谈；

同性格内向的人谈话，就应注意分寸，循循善诱。孔老先生的"因材施教"用在这里很恰当。

一次，孔子的学生仲由问："听到了，就去干吗？"孔子说："不能。"又一次，另一个学生冉求又问："听到了，就去干吗？"孔子说："干吧！"公西华在旁听了犯疑，就问孔子："两个人的问题相同，而你的回答却相反。我有点儿糊涂，故来请教。"孔子说："求也退，故进之；由也兼人，故退之。"这句话的意思是，冉求平时做事好退缩，所以我给他壮胆；仲由好胜，胆大勇为，所以我劝阻他。

孔子教育学生因人而异，我们谈话也要因人而异。不同的人在不同的情况下有不同的心态，有时候甚至不会从外部明显地表露出来，这时作为表达者就应当洞察对方的心理，以便进行有效的交流。

有一次，几个即将毕业的研究生到某机关去求职。接待他们的是一位60来岁的局长，他说："机关的许多部门编制有限，个别的可以考虑吸收，几个人都来不好安排，因为名额很少。"听了这番话，一位女研究生感叹："有些老家伙早该退休了，就是赖着不走　　"这么一说，老局长的脸色变得很难看。

以上这个事例告诉我们：说话一定要看对象，注意对方的心理状态，观察对方的性格特点，尽量避免说话时无意之间伤了人。

（4）谈话还应注意的是，跟与自己关系不同的人说话，要区别对待

许多人结婚后，认为对方成了"自己人"，于是在语言和行为上开始毫不在乎分寸，无所顾忌，想说什么就说什么，想怎么说就怎么说。这种在夫妻之间任其自然的做法有其积极方面，那就是可以使夫妻双方推心置腹；但也有其消极的方面，那就是有时不加考虑的言行会伤害对方的感情。

如果是朋友惹恼了你，你可以在一段时间内拉开距离，直到气消后再去找他。但不管妻子对丈夫或丈夫对妻子多么生气，却无论如何是回避不了的。因此，体谅就显得非常重要，理解也成了把握分寸的基础。

而最容易激起对方反感的莫过于拿别人的丈夫、妻子作比较，来贬低自己的丈夫或妻子："你看看人家老王，有手木匠活多好，光

是每月给别人做几个大柜子，就挣千儿八百！""同样的收入，人家小陈家月月存钱，你呢？月月超支，怎么当家的？"俗话说："人比人，气死人。"要是对方接受数落，咽下了这口气倒也罢了，就怕对方回敬你一句："你觉得他（她）好，怎么不跟他（她）过去呀！"长此下去，夫妻关系必然产生裂痕。

还有，跟朋友说话，要真诚、实在、和气，但这样不等于不讲究说话技巧、不需要分寸。话说得好，可以加深朋友之间的感情；话说得差，不讲究技巧，迟早会使朋友疏远，甚至得罪朋友。

所以，我们要多说对朋友有好处的话。在中国，中庸之道是一种至高的做人法则，掌握了这一法则，便会在生活中游刃有余。交友也讲中庸，除了"谈而不厌"外，还要"简而文"、"温而理"，即简略却文雅，温和且合情理。

在说话过程中知己知彼，才能"百说百灵"。比如同样的话，可能这个人说，你很愿意接受，而换了另外一个人说，你不但不接受，而且还产生了反感。因此，说话要分对象，要有针对性。

把赞美的话送进人家心里

赞扬他人是一种能力，这是根据心理学和组织行为学研究出来的。赞扬是职场上的一种能力，它不等于溜须拍马，溜须拍马可以说虚假的，但赞扬必须是真诚的、发自于内心的实话。有一句话大家要记住：真实的赞扬是拂面清风，凉爽怡人；虚假的赞扬像给人吃大块的肥猪肉，让人烦腻不堪。

有一次一群朋友在一起聚会，吃饭的时候，大家交换名片，其中有一位来自报社，另一位试图对其进行称赞。他一看人家是报社的，便稀里糊涂地说："哇，您是有名的大作家！"人家问："我怎么有名？"他就说："我每次都看见你写的文章。"人家说："我的文章都在哪里？"他说："每次都是头版头条啊！"然后人家告诉他："真的吗？我是专门写讣告的。"讣告能在头版头条吗？显然，这种虚假的赞扬引起了别人的反感，进燥而导致了自己的尴尬。但是这位先生仍然没有意识到自己的错误，他看到旁边有一位小姐，便与她聊了起来。本来这位小姐长得很胖，他却说："小姐，您真苗条！"小姐说："什么，说我苗条？我知道你是在骂我。"

不真诚的赞扬，会给人一种虚情假意的印象，或者会被认为怀有某种不良目的，被赞扬者不但不感谢，反而会讨厌。言过其实的赞扬，不能实事求是，会使受赞扬者感到窘迫，也会降低赞扬者的水准。所以说，虚情假意的奉承对人对己都是有害而无利的。

真诚的赞美和"拍马屁"最大的区别在于是否发自内心。真诚的赞美来自内心深处的一种"美感"、一种冲动，它反映了一个人对另一个人的认可：外表漂亮，言谈合自己的口味，行动敏捷，品格高尚

即在两个人之中，其中一个人在另一个人身上发现了符合自己理想和价值标准的可贵之处，以至于我们在认识对方、了解对方的时候，已经有一种无形的力量促使自己要去赞美他的一些优点了。

但是"拍马屁"却不同，它不是发自内心地对另一个人的认可和钦佩，而是基于内心世界早已存在的一种目的、一种对眼前或日后能燥够收到"回报"的投资。"拍马屁"者在"赞美"他人的时候，脸上虽眉飞色舞，但却有几分不自在。他的言语是火辣辣的，但他的内心却是一片冰冷。邵他在赞美一个人的时候，心里想着的只是如何顺利完成和自己利益攸关的事，如何获得自我满足。

因此，真诚成了赞美与"拍马屁"的区分线，它是赞美的必要组成元素。

真诚的赞美应该是合乎时宜的，在合适的氛围里发出的赞美会让人内心明亮、灿烂无比。当别人感觉到你的赞美是由衷的，那你赞美他的话就很容易被他接受。

过分夸张的赞美对于被赞美者来说是有百害而无一利的。高尔基曾经说过："过分地夸奖一个人，结果就会把人给毁了。"因为过分的夸奖往往会使被赞美者不思进取，误以为自己已经完美无缺了，从而停止前进的脚步。比如众所周知的方仲永，小的时候因为天资聪

慧，于是别人就称其为天才，其父则带他四处去走访宾客，使他不想也根本没时间再去学习和进步。结果等到他长大以后，才能"泯然众人"，跟别的人再没有什么两样了。

赞扬最好辅之以鼓励，这样才能充分发挥赞扬的积极作用。

另外，要想真正把赞美送进人家心里，还需注意以下几点。

1.以第三者的名义

俗话说"雾里看花花更美"，赞美之词未必要从你嘴里说出来，可以以第三者的名义。比如，若当着面直接跟对方说"你看来还是那么年轻"之类的话，不免有点儿恭维、奉承之嫌。如果换个方式说："你真是漂亮，难怪某某一直说你看上去总是那么年轻!"可想而知，对方必然会很高兴，而且没有阿谀之嫌。

借别人之口来赞美一个人，可以避免因直接恭维对方而导致的吹捧之嫌，还可以让对方感觉到他所拥有的赞美者为数众多，从而从心里获得极大的满足。在生活中，要善于借用他人，特别是权威人士的言论来赞美对方，借此达到间接赞美他人的目的。权威人士的评价往往最具说服力，因此引用权威言论来赞美对方是最让对方感到骄傲与自豪的。如果没有权威人士的言论可以借用，借用他人的言论也会收到不错的效果。

2.出其不意的赞美让人喜出望外

赞美的新意很重要，但更需要我们综合各方面的因素来翻出恰当的"新"意，否则便会弄巧成拙、适得其反。马克·吐温曾经说过："一句好的赞美能当我10天的口粮。"如果我们每天都让新鲜的赞美流淌入他人的生活中，那么彼此的生活食欲就都会增强。

3.背后一赞

世上背后道人闲话的人不少，大家都很清楚，被说之人一旦知道便会火冒三丈，轻则与闲话者绝交，重则找闲话者当面算账。因此，人们都应引此为戒，不要犯背后说他人闲话的忌讳。但是，背后说人优点，却有佳效。

赞美一个人，当面说和背后说所起到的效果是很不一样的。如果我们当面说人家的好话，对方会以为我们可能是在奉承他、讨好他。而当我们的好话是在背后说的时候，人家就会认为我们是出于真诚的，是真心说他的好话，人家就会领情，并感激我们。假如我们当着上司和同事的面说上司的好话，同事会说我们是在讨好上司、拍上司的马屁，从而容易招致周围同事的轻蔑。另外，这种正面的歌功颂德所产生的效果也是很小的，甚至还会有起到反效果的危险。同时，上司脸上可能也挂不住，会说我们不真诚。与其如此，还不如在上司不在场时，大力地"吹捧一番"。而我们说的这些好话，最终有一天会传到上司耳中。

在日常生活中，背后赞美他人往往比当面赞美更让人觉得可信。因为你对着一个不相干的人赞美他，一传十，十传百，你的赞美迟早会传到被赞美者的耳朵里。这样，你赞美的目的也就达到了。

拒绝有方，不要开罪于人

美国前总统罗斯福年轻时，曾在海军担任机要职务。有一天，一位朋友向他打听海军在加勒比海的一个小岛上建立潜艇基地的计划。这是军事机密，军队的保密规定不能违反，但对朋友又该怎么说呢？只见罗斯福向四周看了看，似乎是怕有人注意，然后悄声地对朋友说："你能保密吗？""能，当然能，我会守口如瓶。"罗斯福微微一笑，说："那么，我也能。"如此含蓄而简练的拒绝，显得十分巧妙。但如果罗斯福说了上面的话之后再加上一句："假如你还要明知故犯，倒也不妨试试我是不是那种言行不一的人。"那就显得画蛇添足了，不仅失去了委婉含蓄的分寸，对方还可能为话中带刺、有嘲讽的意味而不快。所以，运用委婉的拒绝策略一定要注意含蓄简练、适度恰当、点到为止。

在日常生活中，经常会遇到别人向你借钱的情况。如果你囊中也同样空空，或者不想借，那你就应该好好考虑一下该如何拒绝了。要是断然拒绝，肯定会落得个没有人情味的名声；但若慷慨解囊，显然自己又无能为力。面对此类事情，真是尴尬之极，但这时候如果你能巧妙地利用同伴心理，使双方处于同病相怜的境地，那么对方自当予以理解，不会再苦苦相求。

首先跟前来借钱的人详细询问借钱的目的、用途等，这样对方就会说出这样那样的困难情况。你在听的时候不妨适当地附和一下。等听完以后，轮到你开始倒一下类似的苦水了，告诉对方你们的处境很相似：

"唉，原来你跟我的处境这么像哦，活在这个世上可真累啊　　"

"我还以为你能比我强一点儿呢，真没想到你活得也这么艰难。怎么办呢？还是打起精神吧!面包会有的　　"

这么一来，你既对对方的处境表示了充分的同情，同时又使自己的处境也变得理应受到同情。于是，向你借钱的人大都不会再提出无理的要求了。这就是让对方意识到处在他那样的困境里的人不止他一个，"我"也正经历着同样的痛苦。如此就能达到拒绝而又不伤人的目的了。

委婉拒绝是要讲究艺术的，那么委婉拒绝都需要哪些技巧呢？

1.先肯定，后否定

对对方的请求不是一开口就说"不行"，而是表示理解、同情，然后再据实陈述无法接受的理由，获得对方的理解，使其自动放弃请求。

2.引荐别人，转移目标

实事求是地讲清自己的困难，同时热心介绍能提供帮助的人。这样，对方不仅不会因为你的拒绝而失望、生气，反而会对你的关心、帮助表示感谢。

3.缓兵之计

对方提出请求后，不要当场拒绝，可以采取拖延的办法。你可以说："让我再考虑一下，明天答复你。"这样，你就既赢得了考虑如何答复的时间，又使对方认为你是很认真地对待这个请求的。

4.暗示拒绝

通过身体姿态或非直接的语言把自己拒绝的意图传达给对方。当想拒绝与对方继续交谈时，可以做一些转动脖子、用手帕拭眼睛、按太阳穴以及按眉毛下部等漫不经心的小动作。这些动作意味着一种信号：我较为疲劳、身体不适，希望早一点儿停止谈话。显然，这是一种暗示拒绝的方法。此外，微笑的中断、较长时间的沉默、目光旁视等也可表示对谈话不感兴趣、内心为难等心理。当时你也可以用语言暗示，如："找我有什么事吗?我正打算出去。""还要给你添点儿茶吗?"等，从而间接表达拒绝的愿望。

5.转换话题

对方提出某项请求，你却有意识地回避，把话题引到其他事情上。这样，就会既不使对方感到难堪，又可逐步减弱对方企求的心理，从而达到委婉谢绝的目的。

2 姿态上谦和的同时要保持独立的人格

比中而立，不偏不倚

人与人之间出现矛盾的时候，往往喜欢争取第三者的支持，联合起来对付自己的敌人。可是，没有永远的朋友，也没有永远的敌人，今天的对头可能明天就会成为盟友，特别是当对立双方都是自己的领导上级的时候，做下级的千万要当心，切不可因为一时头脑发热而拥护一方，反对另一方，最好的办法是两边谁也不得罪。

被康熙皇帝誉为"元辅高风"的清初大臣范文程，历经清太祖、太宗、世祖、圣祖四朝，官至大学士兼太子太师，在建立和巩固清王朝中屡出奇谋，是一位颇有远见的政治谋略家。其在清廷任职20多年，参与军国机密要事，极受皇帝重用。朝廷每次议政以及草拟各种文书，最后都要征求他的意见，并按他的建议进行修改删订。他谋略过人，上下左右的人都很看重他。清太宗皇太极死后，清政府内权力斗争十分激烈，很多人成了皇家政治斗争的牺牲品，唯有他巧妙地避免了皇族内部的派系之争，最终得以保全。

1643年，清太宗皇太极病死，因为皇位继承问题事先没有安排，满洲贵族之间爆发了残酷的斗争，一时间杀人流血，两派势力势不两立。在这场斗争中，作为政治谋略家的范文程可以说有举足轻重的分量，但是出于保身的目的，他始终保持清醒的头脑，没有向任何一方倾斜。并且在任何一方向他请教斗争策略时，他都以"臣是朝廷之臣，只为朝廷尽忠，立君乃皇上家事，臣下不便干预"为理由巧妙地回避了，没有得罪任何人。

这就是范文程的高人一等之处。在争名逐利的环境中，不要为了暂时的利益去讨好谁或冷落谁，殊不知世事难测，实力较量中得意与失意总在不停地转换。你若趋炎附势，媚上欺下，后果可能会很惨。另外，在人际交往中，也不要因为情感的原因而有意偏袒谁，这样也容易导致你日后处于"剪不断，理还乱"的麻烦境地。

总之一句话，"君子之交淡如水"，保持中立，力争"不偏不倚"、"不疏不离"。

唐德宗时，刘晏一手掌管全国的赋税收入和各地的转运工作，权重财雄。许多权贵大臣看着眼热，便推荐自己的子弟到他那里工作，都想分一杯羹。

刘晏一时犯了难，他知道这些权贵一个也招惹不起，否则用不上3天，自己就会被流放到边远蛮荒地区，杀头抄家也不是不可能的事。然而如果答应了这些人的要求，收下他们的子弟，委任官职，这些膏粱子弟又根本不懂财政工作，再加上自己的指挥他们也不听，到头来搞得一塌糊涂，承担罪责的还是自己。他真是左右为难。

他苦思冥想多日，终于想出一个两全其美的方法：凡是推荐来的权贵子弟，他照单全收，委任要职，却不分配给他们任何实际工作，所有的事务依然由自己精心挑选的官吏来做。

这样，这些膏粱子弟就既有官位，又有丰厚薪水，既不必做繁冗细碎的财务工作，又可以积累自己升官的资历，所以个个乐不可支。

权贵们认为刘晏很给面子，对刘晏的工作也都大力支持。

而刘晏手下那些做实际事务的官吏都不是权贵出身，本来也不可能升到高官，所以只要有丰厚的奖金，对官职高低根本不在乎。

刘晏用官位满足权贵们，用钱财满足手下干事的人，这样处事，工作自然左右逢源。

刘晏既满足了各方面的需求，又不违反原则，其实不过是巧为变通而已。这几乎只能是想象中才能做到的事，而刘晏却身体力行地做到了。

虽说现代职场不似从前官场般复杂多变，但同样需要我们在与人交往时保持中庸的立场。搞小团体主义，拉帮结派，只会令你陷入难以自拔的泥潭。另外，需要强调的是，古今一理，做人还需学会变通，在不违背原则的情况下灵活地处理事情，以求做到"玲珑八面"，谁也不得罪，这样才能在人际交往中"如鱼得水"。

以和为贵，和而不流

"和"字对人类生存极为重要。和气的人际关系是一个人立足社会的根本。低调的人总是以和为重，从不感情用事，更不暴躁行事。当他们与滋事的人相遇时，也总能平静地化戾气为和气，在心平气和中解决问题。

"和"是中国传统哲学中一个影响深远的理念，这种理念渗透在人们心中，表现在各个领域。

"和" 首先是一条经世致用的原则。儒家有句名言叫作"和为贵"；兵家有个理论叫作"天时不如地利，地利不如人和"；治家者有一条经验"家和万事兴"；经商者有个信条"和气生财"；治国者更是讲究"和平"。由此可见，谋"和"是人生的一项重要组成部分。古往今来，"和"是贤者仁人所追求的境界。在我们周围存在许多以和为贵的凡人，而在历史上，谋"和"，求宽容、大度的例子更是屡见不鲜。这一切无不在昭示人们"以和为贵"，不要以邻为壑。"

和"能平息仇恨的怒火，让人不再冤冤相报，从而化干戈为玉帛。

战国时期，蔺相如因成功出使秦国并"完璧归赵"，被赵王拜为相国。廉颇听说后怒气冲冲，心想自己南征北战，保家卫国，功不可没，而蔺相如只不过是凭借着口舌之辩，今日居然就位居自己之上，他根本没有资格！因此廉颇扬言，碰见蔺相如时，一定要羞辱他一番。

一天，廉颇率领仆从来到长街上，将人马一字排开在各要路。蔺相如车马行至此，难以再前进，连忙命从人改道前行。而廉颇居然又穿过小巷挡住了去路，蔺相如于是再次让从人另寻别路去赴宴。谁知老将廉颇第3次追赶到前方，并且这次拦路更鲁莽，他竟命仆从口出不逊、说短论长。可蔺相如却不争辩，只是再次令从人将车马退转，罢宴回府。这时候廉颇才得意扬扬地大笑。

不久这件事就传遍大街小巷，惊动了大夫虞卿，他便入朝禀告赵王。赵王听后沉吟了半晌，认为这件事关系国家兴亡，连忙命虞卿去调解。

虞卿领命先到丞相府。他对蔺相如说："我最近听说老将廉颇得罪了丞相，挡路3次。多蒙丞相宽宏大量，我奉王命特来问候。"蔺相如说："廉将军英雄盖世，众诸侯国都因畏惧他武艺高强不敢轻易进犯。但倘若我们同室操戈生内乱，那强秦一定会乘虚而入，所以我不与他计较。但如果是我蔺相如有过失得罪了老将军，我情愿谢罪赔礼。"虞卿点头称赞。

虞卿又来到将军府，通禀后与廉颇相会。虞卿说："我久慕老将军知兵善战，威镇诸侯。这朝中文有蔺相如，武有将军你，何愁赵国不强大。"

廉颇听后怒不可遏："那蔺相如是何等之人，不配伴在君王之侧。赵国有廉颇在朝一日，定叫他丞相做不长。"

虞卿摇头微笑道："老将军，蔺相如只身入强秦，不怕油锅威吓，气吞八荒。他不辱使命完璧归赵，又在渑池众诸侯的面前羞辱了秦王。你想想，他不怕鼎油烹怎会怕将军你，而他之所以避让是因为有明察远见，才不和将军论短长。那秦王若知你们将相不和，知道两虎相斗必有一伤，一定会兴兵来犯。到那时，内忧外患之下，赵国必难以固守。所以说，蔺相如这样做是以国家安危为重，他怕的是国破民亡、妻离子散啊。"

廉颇听后心里悔恨万分，于是摘金盔脱蟒袍，身背荆杖，徒步而行前往相府。廉颇进书房见蔺相如独自躺在床上看书，就含羞带愧地一语不发跪在一旁。蔺相如一抬头见廉颇跪在一旁，还身背荆杖，忙撇下书本惊慌失措地下床也跪倒，说："老将军你这是干什么？"

廉颇说："我是个粗陋浅薄之人，真想不到丞相对我如此宽容。现在我负荆请罪而来，望丞相责罚教训。"

蔺相如急忙搀起廉颇，把荆杖扔在一旁说："老将军，以前的事情就不要再提了，只要我们同心合力共抗强敌就好。无论文武，我们都是国家的栋梁啊！"

蔺相如真是一个具有远见卓识的政治家，面对廉颇的当街羞辱，他一再退让，终于用一片至诚化解了矛盾，求得了相睦，避免了赵国朝廷内部的分裂，也留下了一段"将相和"的千古美谈。

"以和为贵"也是治国者的方略，因为它蕴含和平、太平、平安之意。治国者都希望国内太平，永无纷争；国家之间和平发展，没有战争。中国人尤其热爱和平，不爱挑起战争，因为中华民族是理性的民族。另外，因为受"和为贵"理念的浸润和熏陶，大多数中国人从小就养成了一种"以和为贵"的人生理想，所以也不嗜战争。

"以和为贵"也体现在人与自然环境的"和谐"上。社会的进步，科技的发展，极大地提高了人类的生活水平和生存质量，但同时也带来了许多负面影响和危害，如空气污染、资源枯竭、环境恶化

人与自然的矛盾日益突出。因此，用"和"的理念来整合人们的思想意识，指导人们去行动，有助于实现人与自然的和谐。

"和"在今天仍是一条协调人际关系的重要原则。社会生活的多样化、复杂化使得人与人之间很容易产生种种不和，而有不和就会产生分歧，有了分歧就会导致摩擦，摩擦会导致矛盾，矛盾激化就会导

致争斗。特别是当人与人之间有利益冲突时，争斗就更难免了，而且争斗的方法也举不胜举，有明争也有暗斗。但不管是哪种争斗方式，都会伤了彼此间的和气，都会造成不必要的损失。

做人应求"和"，而不是"同"，最好要"和而不同"。因为提倡"和"不是要求人们都抱成一团，无原则无立场地妥协和谦让，而是为了追求一种团结进取的和谐的人际关系，追求工作上的互帮互助的氛围和对人对己宽容大度的气量。"和"是成就大业的良好环境，是每个人都渴望追求的目标。和睦的家庭会令人感到温暖，和谐的人际关系会使人感到舒畅，和平的环境能使人安心地搞建设，祥和的气氛会让世界充满了温暖，所以，我们要以和为贵，以和为上。

3 行为上宽容的同时要坚持原则

水至清则无鱼，人至察则无徒

古语说："水至清则无鱼，人至察则无徒。"说的是在与人相处的时候不要用放大镜去看人的缺点，如果过分地追求完美，不断指责他人的过错，就会失去朋友和合作伙伴。

任何一个想成就一番事业的人，在与他人交往的时候都应该眼光高远，胸襟博大。要做到这一点，就必须克己忍让，宽容待人。如果都像《三国演义》中的周瑜那样心胸狭窄，总是产生"既生瑜，何生亮"的感叹，又如何能与人合作呢？

在这方面，被人们称为"三国时代风云人物"、"乱世英雄"的曹操堪称典范。曹操不仅能够与身边的人很好地合作，甚至还能不计前嫌，化敌为友。

公元200年，曹操的死对头袁绍发表了讨伐曹操的檄文。在檄文中，曹操的祖宗三代都被骂得狗血喷头。曹操看了檄文之后问手下人："檄文是谁写的?"手下人以为曹操准得大发雷霆，就战战兢兢地说："听说檄文出自陈琳之手。"曹操于是连声称赞道："陈琳这小子文章写得真不赖，骂得痛快。"官渡之战后，陈琳落入曹操之手。陈琳心想：当初我把曹操的祖宗都骂了，这下子非死不可了。然而，曹操不仅没有杀陈琳，还委任他做了自己的文书。曹操还与陈琳开玩笑说："你的文笔的确不错，可是，你在檄文中骂我本人就可以了，为什么还要骂我的父亲和祖父呢?"后来，深受感动的陈琳为曹操出了不少好主意，使曹操颇为受益。

曹操与张绣的合作也使后人钦佩他的宽宏大量。看过《三国演义》的人都知道，张绣是曹操的死敌，2个人有着深仇大恨——曹操的儿子和侄子都死于张绣之手。但是，在官渡之战前，为了打败袁绍，曹操考虑到张绣卓越的指挥才能，主动放弃了过去的恩恩怨怨，他与张绣联合，并封张绣为扬威大将军。他对张绣说："有小过失，勿记于心。"张绣后来在官渡之战和讨伐袁谭的战役中都十分卖力。

官渡之战结束后，曹操在清理战利品的时候发现了大批书信，居然都是曹营中的人写给袁绍的。有的人在信中吹捧袁绍，有的人则表示要投靠袁绍。曹操的亲信们建议曹操把这些当初对他不忠心的人抓来统统杀掉，可曹操却说："当时袁绍那么强大，我自己都不能自保，更何况众人呢?他们的做法是可以理解的。"于是，他下令将这些书信全部烧掉，不再追究。那些曾经暗通袁绍的人被曹操的宽宏大量感动了，所以对曹操更加忠心。一些有识之士听说了这件事，则纷纷来投靠曹操。

人非圣贤，孰能无过?有道德修养的人不在于不犯错误，而在于有过能改，且不再犯。《尚书·伊训》中有"与人不求备，检身若不及"的话，是说我们与人相处的时候，不应求全责备，因为检查约束自己的时候，也许会发现自己还不如别人。所以，要求别人怎么去做的时候，应该首先问一下自己能否做到。推己及人，严于律己，宽以待人，才能团结别人，共同做好工作。如果一味地苛求，就会什么事情也办不好。

齐国的孟尝君是战国四公子之一，以养士和贤达而闻名。他的门客多达3000人，普通人只要有一技之长就可投其门下，他均会一视同仁，不分贵贱。可以说，他因养士而在一定程度上保全了国家。

有一次，孟尝君的一个门客与孟尝君的妾私通。有人看不下去，就把这事告诉了孟尝君："作为您的手下亲信，却背地里与您的妾私通，这太不够义气了，请您把他杀掉。"孟尝君说："看到相貌漂亮的女子就喜欢，这是人之常情。这事先放在一边，不要说了。"

1年之后，孟尝君召见了那个与他的妾私通的人，对他说："你在我这个地方已经很久了，大官没得到，小官你又不想干。卫国的君王和我是好朋友，我给你准备了车马、皮裘和财帛，希望你带着这些礼物去卫国，与卫国国君交往。"结果，这个人到了卫国并受到了重用。

后来，齐卫两国因故断交了，卫君很想联合各诸侯一起进攻齐国。这时那个曾与孟尝君的妾私通的人对卫君说："孟尝君不知道我是个没有出息的人，竟把我推荐给您。我听说齐、卫两国的先王曾杀马宰羊，进行盟誓说：'齐、卫两国的后代，不要相互攻打，如有相互攻打者，其命运就和牛羊一样。'如今您联合诸侯之兵进攻齐国，这是违背了您先王的盟约。希望您放弃进攻齐国的打算。您如果听从我的劝告就罢了；如果不听我的劝告，像我这样没出息的人，也要用我的热血洒溅您的衣襟。"卫君在他的劝说和威胁下，最终放弃了进攻齐国的打算。齐国人听说了这件事后都说："孟尝君真是善于处事、转祸为福的人啊。"

待人接物，不能对人过于苛求。对别人过于苛求，往往会使自己跟别人合不来。社会是由各种各样的人组成的，有讲道理的，也有不讲道理的；有懂事多的，也有懂事少的；有修养深的，也有修养浅的

我们不能总要求别人讲话办事都符合自己的标准和要求。真正的豁达大度者，当那些懂事较少、度量较小、修养较浅的人做了得罪自己的事情时，是能够宽容他们、谅解他们、不和他们一般见识的。从

这个意义上说，那些最豁达、最宽容的人乃是最善于谅解人、最通达世事人情的人。

尽量宽容和理解别人

宽容是一种处世哲学，宽容也是人的一种较高的思想境界。学会宽容别人，也就懂得了宽容自己。

宽容是一种坚强，而不是软弱。宽容是以退为进、积极防御。宽容所体现出来的退让是有目的、有计划的，是主动权掌握在你手中的自主选择。无奈和迫不得已不能算是宽容，宽容的最高境界是对众生的怜悯。你若有足够的耐心和关注，就连小孩子也会舍不得你、听你的话。

从心理学角度看，任何人的任何想法都有其来由。宽容就是在别人和自己意见不一致时不固执己见，而是想法去了解对方想法的根源，这样你所提出的方案就能因契合对方的心理而得到接受。任何人都有自己对人生的看法和体会，我们要尊重他们的知识和体验，积极汲取其精华，消除阻碍和对抗，这是提高效率的唯一方法。

古时候有个叫陈嚣的人，一天夜里，他的邻居纪伯偷偷地把他家的篱笆拔起来往后挪了挪。这事被陈嚣发现后，他心想，你不就是想扩大点地盘吗，我满足你。于是他等纪伯走后，又把篱笆往后挪了一丈。天亮后，纪伯发现自家的地盘又宽出了许多，知道是陈嚣在让他，所以他心中很惭愧，主动把多侵占的地统统还给了陈家。

人非圣贤，孰能无过。宽容就是不计较他人之过，事情过去了就算了。每个人都犯过错，如果执着于其过去的错误，就会形成思想包袱，对其不信任、耿耿于怀、放不开，这样就既限制了自己的思维，也给别人造成了阻碍。

背叛固然是能给我们造成巨大伤害的一种敌对行为，但它也并非不可容忍。能够承受背叛的人才是最坚强的人，他也将以他坚强的意志在生活和工作中占据主动，以其威严给人以信心、动力，因而也就更能制止危机的蔓延。

但注意，宽容不是纵容。否则，对方就会一而再，再而三地犯禁，因为你的过度宽容恰恰显示了你的软弱。不过，给一次机会并不是纵容，并不是免除对方应该承担的责任。任何人都需要为自己的行为负责，任何人也正在承担着各种各样的后果。

宽容是一种需要操练、需要修行才能达到的境界。有人说，宽容是软弱的象征。其实不然，有软弱之嫌的宽容根本称不上是真正的宽容。

气愤和悲伤是心胸狭窄的影子。学会宽容，意味着你不会再为他人的错误而惩罚自己。生气的根源不外是别人所做的事侵犯、伤害了自己的利益和自尊心，于是自己勃然变色，怒从心起。这种反应无非是在惩罚自己，于己毫无益处。

学会宽容，意味着你不会再睚眦必报，从而拥有一份潇洒的风采。在人类历史的进程中，党同伐异的事不胜枚举，但其实质都是人自高自大的狭隘心理在作祟。每个人都或多或少带有自以为是的倾向，对与自己不同的见解、行为一概排斥、贬低，甚至将这视为明枪暗箭，弄得自己终日神经紧张，心事重重。要知道，以宽容心来处世，也要宽容地接受各种思想意识。想要将自己的思想强迫推销给别人，想要去改变别人，只会给自己带来烦恼。要培养自己活得自在，也让他人活得舒畅的涵养。

学会宽容，意味着你不再患得患失。宽容，也包括对自己的宽容，只有对自己宽容的人，才可能对别人宽容。承认自己在某些方面不行，才能扬长避短，才能心平气和地工作与生活。人的烦恼一半源于自己，即所谓画地为牢、作茧自缚。其实芸芸众生各有所长，也各有所短，争强好胜达到一定程度，往往会为身外之物所累，失去做人的乐趣。

宽容有度，该出手时就出手

在人类的心灵中，宽容不但是做人的美德，也是一种明智的处世原则，是人与人交往的润滑剂。常有一些所谓的厄运，其实只是因为自己对他人一时的狭隘和刻薄而自设的一块绊脚石罢了；而一些所谓的幸运，也多半是因为无意中对他人的恩惠和帮助拓宽了自己的道路而已。

然而，宽容并不意味着对人毫无原则地一味迁就和退让，更不是对自私自利的鼓励和纵容。

公元227年，诸葛亮驻军汉中，准备北伐，扬言要从斜谷道经陕西郿县(今陕西眉县北)，直捣长安。曹魏政权得知消息，一面派兵驻扎在郿县一带，一面又抽出5万精兵，由宿将张带领赶往西线，驻防陇右。

第2年春，诸葛亮正式出兵北伐。他的部署是：赵云、邓芝率领部分军队进据箕谷(今陕西太白县境内)，虚张声势，做出佯攻的样子，以图把魏军主力吸引过来。同时，自己则亲自率领主力北出祁山(今甘肃西北)，以便先取陇右，最后夺取长安。

为了获取全胜，诸葛亮必须选择一位能征善战、足智多谋的将领作为军队的先锋。此时，马谡主动请求担此重任。马谡自幼饱读兵书，平日"好论军计"，在蜀汉平定西南少数民族叛乱时曾献过"攻心为上，攻城为下"的计谋，因而备受诸葛亮的器重，两人情同父子。但是此人虽才智过人，却缺少实战的经验，好逞"纸上谈兵"之能。因此，刘备在临死前告诫诸葛亮：马谡"言过其实"、"此人绝不可重用"。由于此事事关重大，马谡立下了"军令状"，诸葛亮才答应了他的请求。

当诸葛亮的主力部队突然到达祁山时，果然打了曹魏军队一个措手不及。天水、南安、安定3郡(今甘肃的甘谷、陇西、镇原一带)的吏民纷纷起兵反魏归蜀，战局对蜀军十分有利。然而，马谡自负轻敌，他率军进至街亭时，由于遇到了魏将张所率主力部队的抵抗，便擅作主张，违背了诸葛亮原先的部署，也不听从部将王平的建议，在寡不敌众的形势下居然不下据城，而舍水上山，结果被张军队切断水道，杀得大败，使得街亭就此失守。

街亭失守，使诸葛亮十分被动，一场十分有利己方的战局顿时变成了败局。尽管诸葛亮十分爱惜马谡的才华，但是为了严明军纪，他不得不按照军法"挥泪"处斩了马谡，还上疏朝廷自请贬官三级，以追究个人"不能训章明法"、用人不当的责任。

事后，部下蒋琬认为诸葛亮在天下尚未平定时杀智谋之士，太可惜了。而诸葛亮却认为：孙武、吴起所以能够天下无敌，是由于执法严明；现在天下分裂，北伐战争刚刚开始，如果松弛法纪，还靠什么去讨伐敌人！所以，后人对此事评价甚高，以"法加于人也，虽从死而无怨"来称赞诸葛亮赏罚分明、勇于负责的精神。

与人相处的时候，宽容是一种美德。但是必须把握住一定的限度，在无关紧要的小事上不必斤斤计较，但在原则问题上绝不能退让。一个人如果不敢坚持原则，以牺牲根本的东西来换取一时的苟安，他也就失去了做人的尊严和价值。在人们的眼中，这样的人只能是窝囊无能、懦弱的形象，只能是个受气桶的形象。

哲学上常常把度作为质和量的统一。也就是说，在度之中，包含了具有一定量和质的结合；在度之中，事物的性质变化于一定的范围之内不会出现根本性的转变。而一旦超出了这个度，事物的性质便会出现新的特点。所以，在采取忍耐策略的时候也应有一个度。在具体施行时，我们不妨参照以下原则做到这一点。

1.宽容次数不宜过多

人们对同一对象的宽容和忍让可以一次、两次，但绝不可一让再让。忍让到一定份上必须有所表示，使对方真正认识到自己的退让不是一种害怕和无能，而只是出于一种大度，不会永远继续下去。

在日常生活中，经常有一些不识好歹的人，他们为所欲为，得寸进尺，别人对他们宽容，他们认为别人是怕他们，因此一而再，再而三地步步紧逼。对待这种人，在经过几次宽容之后，就可以适当地给他一点颜色看看，并通过正当的方式勇敢地捍卫自己的权利，使他认识到自己的错误。

当然，这种晓之以厉害的方式和途径可以是多种多样的，但目的只有一个，就是让对方了解自己真正的态度，从而改正他们的错误。

2.绝不让对方得寸进尺

有些人在侵犯别人的某种利益和权限时，由于对方采取了宽大的态度，所以得逞了。可是，他们在得逞之后又发现了新的目标、新的利益，从而刺激了自身的利欲，以至于使原来的行为转化为另一种令人难以接受的事情。这时，作为当事人，便不能依然保持一种宽容的态度，而必须随着事物性质的变化而考虑予以反击和抵抗。

在日常生活中，这种情况是经常发生的。之所以会这样，就在于那些不识好歹的人常常会由于得到某些不正当的利益之后，使自己的行为在一种恶性膨胀邪念的驱动下，由一般的越轨而发展为犯罪。如果是这样，我们便不可一味地宽容下去了。

3.绝不姑息道德问题

在一些公共场合之中，有些人以为，别人不认识自己，而且以后彼此间很难还会相遇在一块儿，于是便不同程度地做出一些不道德的、过分的行为举止。遇到这种情况，我们也不能抱着"理解万岁"的态度"视而不见"。该批评的还是要批评，只是要注意批评的方式和技巧。

4.人应该适当地有一点锋芒

人的行为很容易受习惯的支配，只要屈服过一次，就会一而再，再而三地屈服下去了。所以说，不失时机地在人前稍显勇气，是不可忽略的处世之智。

俗话说"吃柿子拣软的捏"，人们发火撒气也往往找那些软弱善良者。因为大家都清楚，这样做并不会招致什么值得忧虑的后果。在我们身边的环境里，随处可见这样的受气者，因为他们看起来软弱可欺，所以最终必然为人所欺了。看来，一个人表面上软弱，会助长和纵容别人侵犯你的欲望。因此，为了保障自己必要的权利，人是应该有一点儿锋芒的。虽然我们不必像刺猬那样全副武装、浑身带刺，但至少也要让那些凶猛的动物们感到无从下口，攻击起来得不偿失。

第十一章
低调做人，高标做事

　　有位社会学家曾说过，人一生中要依据两件事来确立自身根基：一件是做人，一件是处世。阅历古今中外，最能保全自己、成就人生的方式便是：低调做人，高标做事。"低调做人，高标做事"是一种高超的智慧，是一门精深的学问。遵循此理，能使我们开创一片广阔的天地，成就一份辉煌的事业，同时收获一个丰盈美满的人生。

1 稳扎稳打：走出自立自强的道路

不要降价处理自己

低调做人并不意味着卑微做人，低调做人是一种以低就高的处世策略，低调是高标的一种铺垫，低调做人的同时也要高标处世。当然，要真正做到、做好这一点并非一件容易的事。现实中，有些人总是爱贬低自己，觉得自己与别人相比简直就如一根稻草一样无用，因而做任何事都显得无精打采、毫无斗志。这些人最终总会跌倒在自己身上存在的缺点和毛病上，自我贬低无异于降价处理自己。如果你认为自己满身缺点和毛病，如果你自认为是一个笨拙的、总是面临不幸的人，如果你承认你绝不能取得其他人所能取得的成就，那么，你只会因为自我贬低而失败。

自我贬低是最具破坏力的。有这样一位公司负责人，他身为董事长却总是蹑手蹑脚地走进董事会议室，就好像是一个无足轻重的人，就好像他完全不胜任董事长的职位。而作为董事长的他竟然还感到奇怪，自己为什么只是董事会中一个无足轻重的人，自己为什么在董事会其他成员中威信这么低，自己为什么很少受人尊重。他没有意识到他应该好好反思一段时间。如果他给自己全身都贴满"降价"的标签，如果他像一个无足轻重的人那样立身、行事、处世，如果他给人的印象是他并不了解自己、相信自己，那他怎么值得其他人好好地对待他呢？

自我贬低的不良习惯对一个人成功个性的培养极具腐蚀作用，尤其会打击他的自信心，扼杀他的独立精神，使他看起来像没有长脊椎骨一样，整天萎靡不振，找不到生活的精神支柱。

自我贬低也会使人失去审美能力，感受不到和谐生活的美。真正的绅士可以从容不迫地应付生活，不卑不亢地面对一切。但有些人似乎天生就有一种自我轻视的习惯，他们躲躲闪闪，不敢正视生活，不管去哪里总是坐到最后一排，或者想尽办法逃离人们的视线。在有些人的个性中，确实存在着这种令人鄙视的弱点。人们喜欢那些勇敢的人，他们昂首行走在人群中，精神自由，思想独立，过自己想过的生活，称自己是一个真正的人。

如果我们以征服者的心态对待人生，我们就会留给人们这样的印象，即我们相信自己将来会有所成就，而且这种心态是坚强有力的，是充满必胜信念的。如果我们以屈服者的心态面对人生，我们就会以悔恨、自我贬损和逃避他人的心态出现在世人面前。正是这两种不同的心态造成了世界上人与人之间的差别。

爱默生说："如果一个人不自欺，他也不会被别人所欺骗。"拥有坚定和自信的个性，就不会自欺欺人。总是能对自我和生活做出积极的、实事求是的评价，就可以不断塑造自己的品格。在生活中，不要无端地低估自己、鄙视自己。

应该牢记，自我轻视的态度从来不会造就出一个真正的成功者，现在不会，将来也不会。当然，建立在渊博的知识、精明强干的能力和诚实守信基础上的自信，与建立在自我吹嘘、盲目乐观基础上的自高自大有着天壤之别。自信可以使我们竭尽全力、有条不紊地做自己的事，而自高自大则令人讨厌，使人一事无成。一个人能自我尊重，对自己的个性做出积极的评价，不仅可以有效地纠正自身的不良倾向，还可以在人生之路上避免错误的选择，避免失败。

其实，我们的整个生命过程一直都在复制我们心中的理想图景，一直都在复制我们心中为自己描绘的画像，没有哪一个人会超越他的自我评价。如果一个天才相信他会变成一个侏儒，并且一直那么想，那么他就会真的成为一个侏儒。一个人目前的整体能力是不是很强，这一点倒不大重要，因为他的自我评估将决定他的努力结果，将决定他是否能成为成大事者。一个对自己信心很强但能力平平的人所取得的成就，往往比一个具有卓越才能但自信心不足的人所取得的成就要大很多。

低劣、平庸的自我贬低所产生的有效力量远没有伟大、崇高的自我评价所产生的有效力量强大。如果你形成了伟大、崇高的自我评价，那么，你身上的所有力量就会紧密团结起来，帮助你实现理想，因为人生总是跟随你确定的理想走，我们总是朝着人生目标确定的方向走。

一定要对自己有一种高尚而重要的自我评价，一定要相信自己有非同一般的前途。如果你坚持不懈地努力实现越来越高的理想，如果你坚持不懈地努力达到越来越高的要求，那么，由此而产生的精神动力就会帮助你去实现你的理想。

信心能极大地鼓舞一个人的所有其他能力，勇气则是人的生命中一股强大的力量。我们的信心越大，我们享有生命的荣誉、掌握真正力量的日子就离我们越近。

不断挖掘自身宝藏

在人的身体和心灵里面，有一种永不堕落、永不败坏、永不腐蚀的东西，这便是潜伏着的巨大力量。而一切真实、友爱、公道与正义，也都存在于生命潜能中。每个人体内都存在着巨大的潜能，这种力量一旦被唤醒，即便在最卑微的生命中它也能像酵母一样，对人的身心起发酵净化作用，增强人的力量。

有时，人会有机会看到自己的潜能，比如在失去好友的时候，发现了自己从未发现过的能力；有时读了一本富有感染力的书，或者由于朋友们的真诚鼓励，也能发现自己的潜能。如果一个人能同自己那永不死亡、永不败坏的高贵精神相和谐，他便能发挥自己最大的潜能，获得无上的幸福。但无论用何种方法，通过何种途径，一旦潜能被激发后，人的行为便不同于从前，人便会变成一个大有作为的人。

潜能不仅能够开发，而且能被创造。那么，人的潜能到底可以开发到何种程度呢？相信下面的故事会给你一个答案。

一块铁块的最佳用途是什么呢？第1个人是个技艺不纯熟的铁匠，而且没有要提高技艺的雄心壮志。在他的眼中，这块铁块的最佳用途莫过于把它制成马掌，他为此还自鸣得意。他认为这块粗铁块每千克只值两三分钱，所以不值得花太多的时间和精力去加工它。他强健的肌肉和三脚猫的技术已经把这块铁的价值从1美元提高到10美元了，所以对此他已经很满意。

此时，来了一个磨刀匠，他受过一点儿更好的训练，有一点儿雄心和更高的眼光。他对铁匠说："这就是你在那块铁里见到的一切吗？给我一块铁，让我来告诉你，头脑、技艺和辛劳能把它变成什么。"他对这块粗铁看得更深些，他研究过很多煅冶的工序，他有工具，有压磨抛光的轮子，有烧制的炉子。于是，铁块被熔化掉，碳化成钢，然后被取出来，经过煅冶被加热到白热状态，然后又被投入到冷水中增强韧性，最后又被细致耐心地进行压磨抛光。当所有这些都完成之后，奇迹出现了，它竟然变成了价值2000美元的刀片。铁匠惊讶万分，因为自己只能做出价值仅10美元的粗制马掌。而经过提炼加工，这块铁的价值已被大大提高了。

另一个工匠看了磨刀匠的出色成果后说："如果依你的技术做不出更好的产品，那么能做成刀片也已经相当不错了。但是你应该明白这块铁的价值你连一半都还没挖掘出来，它还有更好的用途。我研究过铁，知道它里面藏着什么，知道能用它做出什么来。"

与前两个工匠相比，这个工匠的技艺更精湛，眼光也更犀利。他受过更好的训练，有更高的理想和更坚韧的意志力，他能更深入地看到这块铁的分子——不再局限于马掌和刀片，他用显微镜般精确的双眼把生铁变成了最精致的绣花针。他已使磨刀匠的产品的价值翻了数倍，他认为他已经榨尽了这块铁的价值。当然，制作精致的绣花针需要有比制造刀片更精细的工序和更高超的技艺。

但是，这时又来了一个技艺更高超的工匠，他的头脑更灵活，手艺更精湛，也更有耐心，而且受过顶级训练。他对马掌、刀片、绣花针不屑一顾，他用这块铁做成了精细的钟表发条。别的工匠只能看到价值仅几千美元的刀片或绣花针，而他那双犀利的眼睛却看到了价值10万美元的产品。

也许你会认为故事应该结束了，然而，故事还没有结束，又一个更出色的工匠出现了。他告诉我们，这块生铁还没有物尽其用，他可以让这块铁造出更有价值的东西。在他的眼里，即使钟表发条也算不上上乘之作。他知道用这种生铁可以制成一种弹性物质，而一般粗通冶金学的人是无能为力的。他知道，如果锻造时再细心些，它就不会再坚硬锋利，而会变成一种特殊的金属，拥有许多新的品质。

这个工匠用一种犀利的、几近明察秋毫的眼光看出，钟表发条的每一道制作工序都还可以改进，每一个加工步骤都还能更完善，金属质地也还可以再精益求精，它的每一条纤维、每一个纹理都能做得更完善。于是，他采用了许多精加工和细致煅冶的工序，成功地把他的产品变成了几乎看不见的精细的游丝线圈。一番艰苦劳作之后，他梦想成真，把仅值1美元的铁块变成了价值100万美元的产品，同样重量的黄金的价格都比不上它。

但是，铁块的价值还没有完全被发掘，还有一个工人，他的工艺水平已是登峰造极。他拿来一块铁，精雕细刻之下所呈现出的东西使钟表发条和游丝线圈都黯然失色。待他的工作完成之后，别人见到了牙医常用来勾出最细微牙神经的精致钩状物。1000克这种柔细的带钩钢丝——如果能收集到的话——要比黄金贵几百倍。

铁块尚有如此挖掘不尽的财富，何况人呢?我们每个人的体内都隐藏着无限丰富的生命能量，只要我们不断去开发，它就可以是无限大的。

一个人一旦能对其潜能加以有效地运用，他的生命便永远不会陷于贫困卑微的境地。要想把你的潜能完全激发出来，首先你必须要自信，这样你才可能一往无前地继续下去，直至你的能量被毫无保留地释放出来。

　　如果一个人不相信他自己能够做成一件从未有人做过的事，那么他就会真的永远不会做成。然而一旦他能觉悟到外力不足，而把一切都依赖于自己的潜能时，那就好了，而且愈早这样做愈好。所以，不要怀疑你自己的能力，相信你自己，尽力施展你的个性。

　　"勇往直前"是罗斯查尔德的终身格言，其实也可以说，它是这个世界上遗留过一些痕迹的人的共同格言。当杜邦对法拉格海军少将报告他没有攻下查理士登城，并为之寻找种种借口时，少将严肃地予以了回击："还有一个理由你不曾提及，那就是，你根本不相信你自己可以把它攻下！"

　　史蒂芬森、福尔顿、菲尔特、摩尔斯、贝尔、爱迪生、马可尼，他们都是自己所处时代及所在地方的常规破坏者。而正是这些人，开辟了新的领域，并将人类文明推向了前方。

　　能够成就伟业的，永远是那些相信自己能力的人，那些敢于想人所不敢想、为人所不敢为的人，那些不怕孤立的人，那些勇敢而有创造力、往前人所未曾往的人。无畏的气概，富于创造的精神，是所有勇往直前的伟人的特征，一切陈旧与落后的东西，他们都从不放在眼里。

　　敢于打破常规，并且按自己的道路一往无前地走下去，是许多伟大人物的共同特征。拿破仑在横扫全欧时，更是置一切以前的战法于不顾，敢于破坏一切战事的先例。格兰特将军在作战时，不按照军事学书本上的战争先例行事，然而正是他结束了美国南北战争。有毅力、有创造精神的人，总是先例的破坏者。只有懦弱、胆小、无用的人，才不敢破坏常规，他们只知道循规蹈矩、墨守成规。在罗斯福总统眼里，白宫的先例、政治的习惯，全都失去了效力。无论在什么位置上——警监、州长、副总统、总统，他都能坚持"做我自己"。他身上所散发出来的那种无畏的力量大半来自于此。皮切尔·勃洛克在大名鼎盛时，数百名年轻牧师竞相模仿他的风度、姿态、语气，但在这些模仿者中间，却没有人成就过什么。模仿他人是永远不可能成功的，无论被模仿的人如何成功、多么伟大。因为成功是创造出来的，它是一种自我表现。一个人一旦远离他"自己"，他就失败了。

在这个世界上，那些模仿者、尾随人后者、循行旧轨者绝不受人欢迎。世界需要有创造能力的人，需要那种能够脱离旧轨道、闯入新境地的人。只要是有固定见解并且一往无前的人，就会到处都有他的出路，到处都需要他，因为只有他们才可以发挥全部的潜能去获取成功。

能够带着你向目标迈进的力量就蕴藏在你的体内，蕴蓄在你的潜能、你的胆量、你的坚韧力、你的决心、你的创造精神及你的品性中！

现代人类社会所取得的进步，就是从古到今的创造者们不断摧毁和淘汰不适用的机器、陈腐的思想、愚笨的偏见与迷信，以及过时的制度与方法的结果。成功的人，总是朝着光明大道勇往直前。对于任何一件事他都从不管以前是否有人做过，也不会顾及别人是怎么做的，他只管做他自己的事。

那些成为奴隶的人，就是那些被困难吓倒的人。"这个我会做，那个不可能"，永远是模仿者的口头禅。他们不懂得愈是困难、愈是不可能的事，就愈需他们发掘自身的潜能，否则就只能失败。

我们如今所享受的种种舒适、便利、奢华与幸福，无一不是这些"破坏者"脑海中的产物。世界上有哪一件新事物的产生不是归功于古往今来那些对先例的破坏者呢？如果将他们从世界历史中摒除，那还有谁愿意去读这部历史呢？他们虽然面对困难、反对与笑骂，却仍然坚持要破坏先例与习惯。为了创造更美好的事物，为了推动整个世界，他们总是一往无前！

成功往往是那些一往无前的创造者们的专利，他们坚信自己，善于打破常规，同时又向着目标勇往直前。他们能够充分发掘自身的"生命潜能"，能够让自己的"生命潜能"化作无限动力，从而走向成功。

2 行胜于言：行动比口号更有说服力

永葆锐意进取的势头

古人云："欲得其中，必求其上；欲得其上，必求上上。"大凡成功的政治家、著名的企业家、优秀的艺术家、杰出的科学家、创造纪录的运动员　都有一种一般人所没有的成就动机，求上、求优、求高，高标准地要求自己，并且付出了常人难以想象的努力，使自己一步一步向目标前进。在人生的道路上，你要相信你不比任何人差，你要坚信自己有能力满足自己的愿望。要知道，每个人都蕴含着无穷的内在力量，只要注意这种内在力量并有效地利用，我们就能实现最高的理想。

那些沉溺于过去、低估自己未来的人总是满足于现状，而前进者总是感到不满足。因为前进，他们的任何事情又都好像没有了尽头。这样，不断完善的人就总是无法满足于已有的成就，总是去追寻更伟大、更完善、更充实的东西，这就是伟大人物成功的原因。

丹·禾平念大学时，是1930年全美橄榄球赛冠军圣母队的经理，当时的教练是洛奈德。

禾平大学毕业的时候，恰逢经济大恐慌，失业率很高，所以工作很难找。试过了投资银行业和影视行业之后，他找到了开展未来事业的一线希望——去卖电子助听器，赚取佣金。谁都可以做那种工作，禾平也明白，但对他来说，这个工作为他敲开了机会的大门，他决定努力去做。

在近2年的时间里，他不停地做着一份自己并不喜欢的工作，如果他安于现状，就再也不会有出头之日。但是，首先他便瞄准了业务经理助理一职，并且取得了该职位。往上升了这一步，便足以使他鹤立鸡群，看得见更好的机会，这是一个崭新的开始。

丹·禾平在助听器销售方面渐渐卓有建树，以致公司生意上的对手——电话侦听器产品公司的董事长安德鲁想知道禾平是凭什么本领抢走自已公司的大笔生意的。他派人去找禾平面谈。面谈结束后，禾平成了对手公司助听器部门的新经理。然后，安德鲁为了试试他的胆量，把他派到了人生地不熟的佛罗里达州3个月，以考验他的市场开拓能力。结果他没有沉下去！洛奈德"全世界都爱赢家，没有人可怜输家"的精神驱使他拼命工作，结果他被选中做公司的副总裁。一般人要是在10年誓死效忠地打拼之后能获得这个职位，就已被视为无上荣耀，但禾平却在6个月不到的时间里如愿以偿。

就这样，丹·禾平凭着强烈的进取心，在短期内取得了优秀的成绩，登上了令人羡慕的位置。

"一生之计在于勤"，是说人生每日都应当积极做事，不断地有所行动。而进取精神则是讲为人在世，应当不断地发展自己、不断地丰富自己。在眼界上，努力求取新的知识，思考新的问题；在事业上，努力争取年年有所变化。用现在时髦的说法是：不断地否定自己，不断地超越自己，不断地给自己树立新的目标。主动进取是一种对人生的热爱、对生活的激情，而其基点就在于对人生价值的理解。如果一个人对生活的热爱、激情缺乏价值的支持，那就有可能是弄虚作假的矫情，它就不可能持久，不可能永远充满生机。

主动进取是一种永不停顿的满足。其实，在中华民族几千年发展的历史中，到处可以看到中国人的那种积极进取的精神。中国有许多优美的、动人的传说，如"夸父逐日"、"精卫填海"、"大禹治水"，所反映的就是一种可贵的自强不息的精神。

主动进取是一种创造。拥有主动进取心的人不会轻易接受命运的安排，他们不沉迷于过去，不满足于现在，而是着眼于未来，勇敢地走前人未走过的路，大无畏地开创一个美好的境界，以一种"想人之所未想，见人之所未见，做人之所未做"的姿态出现在世人面前。

主动进取是一种搏击。主动进取的人能承受住各种挫折和困难的考验，不灰心，不动摇，迎着困难上，并笑对困难。"霜冻知柳脆，雪寒觉松贞"，中庸、调和不是他们的人生信条。这类人自信，不会轻易放弃自己的抱负，不会轻易承认自己的失败。这类人没有悲观，没有绝望，他们坚强、勤奋、无畏，勇敢地与命运抗争。

主动进取是自我的完善。积极进取的人永远是自己选择命运，根据自己的水平、能力去与命运挑战，而不是让命运来选择自己，所以他们的自我发展是健康的、完善的、美好的。

当然，主动并不意味着由着性子来，并不是唱高调、走极端，并不意味着瞎干、蛮干、胡干。对主动者来说，最大的要求是计划性、方向性和目标性，他要明确自己究竟想干什么和为什么要干。他必须是按照科学规律办事，必须是老老实实、脚踏实地、一步一个脚印地前进，明确自己所追求的目标。

对主动者来说，主动永无止境！

具有主动性的人，在各行各业中都会是出类拔萃的人才。主动是行动的一种特殊形式，不用别人告诉你做什么，你就已经开始做了。

因此，想要培养积极进取心的人首先要做到以下2点。

1.要做一个主动创新的人

当你认为有某一件事情应该要做的时候，就主动去做。你想孩子们的学校有更好的设施吗?那就主动找人商量或集资去购置这些设施。你认为你的公司应该创立一个新部门，开发一项新产品吗?那就主动提出来。

主动进取的人也许一开始要独立创业，但如果你的想法是积极可取的，不久，你就会有志同道合的合伙人。

2.要有出类拔萃的愿望

有时候，我们想提出某一建议，但没有提出来。为什么?因为我们担心、害怕。不是担心我们不能做完那项工作，而是担心我们的同事会说三道四，害怕别人讽刺挖苦。这些担心和害怕使许多人失去了勇气，他们因此望而却步。

人人都想赢得别人的赞同，受人欢迎，这是很自然的。但问问自己："我应该得到什么样的人的支持和赞同呢？是那些出于嫉妒而嘲笑我的人，还是那些靠实干取得进步的人？"相信你是不难得出正确答案的。

只要你勇敢地站出来，你就会受到人们的注意。而更重要的是，你显示出了你的能力和抱负。还能有什么比这更让人欣喜的呢？

请观察你身边的成功者，他们是积极分子还是消极分子？无疑，他们中10个有9个都是积极分子、实干家。那些袖手旁观、消极、被动的人带不了头，而那些实干家们强调的是行动，所以他们会有许多自愿的追随者。

从来没有人因为"只说不做"、"等到别人告诉自己该做什么的时候才去做"而受到赞赏和表扬的。我们都相信干实事的人，因为他们知道自己在做什么。

及时行动，摈弃拖拉懒散的恶习

每个人的一生中都有许多美好的憧憬、远大的理想和切实的计划。假使我们能够抓住一切憧憬，实现一切理想，执行每一项计划，那我们在事业上的成就、我们的生命真不知要有多么伟大！然而我们总是有憧憬而不能抓住，有理想而不能实现，有计划而不去执行，终至坐视这些憧憬、理想、计划一一幻灭和消逝！所有这一切的罪魁祸首都是拖延。

凡是将应该做的事拖延而不立刻去做，而想留待将来再做的人总是弱者。凡是有力量、有能耐的人，都会在对一件事情充满兴趣、充满热忱的时候，就立刻迎头去做。

对一件事情充满兴趣、热诚浓厚的时候去做，与在兴趣、热诚消失之后去做，其难易、苦乐是不能同日而语的。因为当你充满兴趣、热诚浓厚时，做事是一种喜悦；而当兴趣、热诚消失时，做事是一种痛苦。

搁着今天的事不做，而想留待明天去做，这种拖延中所耗去的时间、精力足以使你将那件事做好。收拾以前积累下来的尾事，每个人都会觉得不愉快而讨厌。本来当初一下子就可以很愉快、很容易做好的事，拖延了几天、几星期之后，很容易就显得讨厌与困难了。富兰克林说："把握今日等于拥有2倍的明日。"今天该做的事拖延到明天，然而明天也无法做好的人，占了大约一半以上。人应该今日事今日毕，否则就可能无法做大事，也可能永远无法成功。所以，应该经常抱着"必须把握今日去做完它，一点儿也不可懒惰"的想法去努力才行。歌德说："把握住现在的瞬间，你想要完成的事物或理想从现在就开始做起。只有勇敢的人身上才会赋有天才的能力和魅力。因此，只要做下去就好，在做的历程当中，你的心态会越来越成熟。这样，不久之后你的工作就可以顺利完成了。"

在我们的一生中，即使有良好机会来临，也往往是转瞬即逝。"命运无常，良缘难续！"如果当时不把它抓住，以后就可能永远失去了。

有了计划而不去执行，使它白白消逝，这对于我们自身的品格和力量也有不良的影响。有计划并且努力执行，这才能增进我们的品格和力量。有计划不算什么，付诸实施才算可贵。

一个神奇美妙的印象突然闪电一般地袭入一位艺术家的心灵，但是他不想立刻提起画笔，将那不朽的印象表现在画布上。这个印象占领了他全部的心灵，然而他总是不跑进画室，埋首挥毫。最后这幅神奇的图画会渐渐地从他的心灵中消失！一个生动而强烈的意象、观念突然闪入一位著作家的脑海，使他生出一种不可阻遏的冲动，想要提起笔来，将那美丽生动的意象、境界移向白纸。但那时他或许有些不方便，所以不能立刻就写。那个意象不断地在他脑海中闪烁、催促，然而他还是喜欢拖延。后来，那意象会逐渐地模糊、褪色，终至整个消失！

塞万提斯说："取道于'等一会儿'之街，人将走入至'永不'之室！"这真是一句至理名言。

拖延往往会生出一些悲惨的结局。一个人身体不好，应该就医，而他拖延着不去就医，以致病情严重，或竟不治，这样的人在我们身边为数不少吧！历史上有这样一个故事：拉尔上校正在玩纸牌，忽然有人递了一份报告说，华盛顿的军队已经到德拉瓦尔了。但他只是将来件塞入衣袋中，等到牌局完毕才展开那报告。可惜当待到他调集部下出发应战时，时间已经太迟了——那场战役的结果是全军被俘，而拉尔自己也因此战死。仅仅是几分钟的延迟，就使他丧失了尊荣、自由与生命！所以说，习惯中最为有害的莫过于拖延，世间有许多人都是为这种习惯所伤害，以至造成了悲剧。

要想成为成功的时间管理者，就不要畏难，不要苟安，应该竭力避免拖延的习惯，就像避免罪恶的引诱一样。假使对于某一件事，你发觉自己有了拖延的倾向，你应该急跳起来，不管那事怎样困难都立刻动手去做。这样久而久之，你自能消灭拖延的倾向。要想成功地管理时间，就应该将要盗去你的时间、品格、能力、机会与自由的"拖延"当作你最可怕的敌人。"要做，立刻去做！"这是人们成功的格言。要医治拖延的习惯，唯一的方法就是在事务当前，立刻动手去做。多拖延一分，就足以使任何事难做一分。

凡是服从这句格言的人，永远都不会有失败的时候。

全力以赴，将行动进行到底

世界首富比尔·盖茨认为，巨大的成功靠的不是力量而是韧性。如今社会的竞争常常是持久力的竞争，有恒心有毅力的人往往能够成为笑到最后、笑得最好的人，对于青少年来讲，恒心和毅力是成功的必要条件，半途而废，浅尝辄止，那么梦想永远只能是梦想。

有些时候，某些人从表面看来似乎一夜成名，但是如果你仔细看看他们的过去，就知道他们的成功并不是偶然的。

1864年9月3日这天，寂静的斯德哥尔摩市郊，突然爆发出一声震耳欲聋的巨响，滚滚的浓烟霎时冲上天空，一股股火焰直往上蹿。仅仅几分钟时间，一场惨祸发生了。当惊恐的人们赶到现场时，只见原来屹立在这里的一座工厂只剩下了残垣断壁。火场旁边，站着一位30多岁的年轻人，突如其来的惨祸和过分的刺激已使他面无人色，浑身

颤抖着

　　这个大难不死的青年，就是后来闻名于世的弗莱德·诺贝尔。诺贝尔眼睁睁地看着自己所创建的硝化甘油炸药实验工厂化为了灰烬。人们从瓦砾中找出了5具尸体，其中4人是他的亲密助手，而另1个是他在大学读书的小弟弟。5具烧得焦烂的尸体令人惨不忍睹。诺贝尔的母亲得知小儿子惨死的噩耗，悲痛欲绝；年迈的父亲则因大受刺激而引起脑出血，从此半身瘫痪。然而，诺贝尔在失败面前却没有动摇。

　　事情发生后，警察局立即封锁了爆炸现场，并严禁诺贝尔重建自己的工厂。人们像躲避瘟神一样地避开他，再也没有人愿意出租土地让他进行如此危险的实验。但是，困境并没有使诺贝尔退缩。几天以后，人们发现在远离市区的马拉仑湖上出现了一只巨大的平底驳船，驳船上并没有装什么货物，而是装满了各种设备，一个年轻人正全神贯注地进行实验。毋庸置疑，他就是在爆炸中死里逃生、被当地居民赶走了的诺贝尔！

　　无畏的勇气往往令死神也望而却步。在令人心惊胆战的实验里，诺贝尔依然持之以恒地行动，他从没放弃过自己的梦想。

　　皇天不负有心人，他终于发明了雷管。雷管的发明是爆炸学上的一项重大突破，随着当时许多欧洲国家工业化进程的加快，开矿山、修铁路、凿隧道、挖运河等都需要炸药。于是，人们又开始亲近诺贝尔了。他把实验室从船上搬迁到斯德哥尔摩附近的温尔维特，正式建立了第一座硝化甘油工厂。接着，他又在德国的汉堡等地建立了炸药公司。一时间，诺贝尔的炸药成了抢手货，诺贝尔的财富与日俱增。

　　然而，初试成功的诺贝尔好像总是与灾难相伴。不幸的消息接连不断地传来——在旧金山，运载炸药的火车因震荡发生爆炸，火车被炸得七零八落；德国一家著名工厂因搬运硝化甘油时发生碰撞而爆炸，整个工厂和附近的民房变成了一片废墟；在巴拿马，一艘满载着硝化甘油的轮船在大西洋的航行途中因颠簸而爆炸，轮船葬身大海……

　　一连串骇人听闻的消息再次使人们对诺贝尔望而生畏，甚至把他当成了瘟神和灾星。随着消息的广泛传播，他被全世界的人所诅咒。

诺贝尔又一次被人们抛弃了，不，应该说是全世界的人都把自己应该承担的那份灾难给了诺贝尔一个人。面对接踵而至的灾难和困境，诺贝尔没有一蹶不振，他身上所具有的毅力和恒心使他对已选定的目标义无反顾，永不退缩。在奋斗的路上，他已经习惯了与死神朝夕相伴。

大无畏的勇气和矢志不渝的恒心最终激发了他心中的潜能，他最终征服了炸药，吓退了死神。诺贝尔赢得了巨大的成功，他一生共获专利发明权355项。而他用自己的巨额财富创立的诺贝尔奖，则被国际学术界视为一种崇高的荣誉。

诺贝尔成功的经历告诉我们，恒心是实现目标过程中不可缺少的条件，恒心是发挥潜能的必要条件。恒心与追求结合之后，便形成了百折不挠的巨大力量。

从诺贝尔的成功可以看出，干事业要经得起挫折，要有恒心和毅力，决不能半途而废。做一件事坚持到底最重要，否则就会在竞争中一事无成。

看来，一个人之所以成功，不是上天赐给的，而是日积月累自我塑造的，所以千万不能存有侥幸的心理。幸运、成功永远只会属于辛劳的人，属于有恒心、不轻言放弃的人，属于能坚持到底的人。

3 严谨务实：脚踏实地便能步步为营

做事从大处着眼，小处着手

"做事要从大处着眼，小处着手。"那些一心想做大事的人，常常对小事嗤之以鼻、不屑一顾。其实连小事都做不好的人，大事是很难成功的。很多时候，小事不一定就真的小，大事不一定就真的大，关键在于做事者的认知能力。所谓大事小事，只是相对而言，只要能一心一意地做事，世间就没有做不好的事。在欧洲，有一首流传很广的民谣：因为一根铁钉，失去了一块马蹄铁；因为一块马蹄铁，失去了一匹骏马；因为一匹骏马，失去了一名骑手；因为一名骑手，失去了一场战争的胜利。

为了一根铁钉而输掉一场战争，这正是疏忽了小事的恶果。

克里米亚战争造成了巨大的人员伤亡和财产损失。欧洲的4大强国英国、法国、土耳其和俄国都被牵连了进来，而战争最初却是因一把钥匙而起。

土耳其宣称，耶路撒冷圣墓中的一个神龛归土耳其的基督教会所有，于是就把神龛锁了起来，并且拒绝交出钥匙。这一行为使得希腊的教会很恼火。后来，争端不断升级。于是，俄国作为希腊的保护国、法国作为拉丁教会的代表也参加了进来，形势开始变得复杂起来。俄国要求土耳其对希腊的教会进行补偿，但土耳其拒绝这一要求。由于英国传统上就有保护土耳其人的习惯，在这场纠纷中理所当然地站在土耳其人的一边。就这样，英土结成了联盟共同反对法国和俄国。就是这样芝麻粒大小的事情，引发了这场巨大的纠纷。

一个小小的细节，一件再小不过的事情，往往就蕴含着巨大的危机和决定你一生成败的因素。那些真正伟大的人物非常清楚这个道理，所以他们从来都不蔑视日常生活中的各种小事情。即使常人认为很卑贱的事情，他们也会满腔热情地去干。

有位智者曾说过这样一段话，他说："不会做小事的人，很难相信他会做成什么大事。做大事的成就感和自信心是由小事的成就感积累起来的。可惜的是，我们平时往往忽视了它们，让那些小事擦肩而过。""勿以善小而不为，勿以恶小而为之"，小事正可于细微处见精神，有做小事的精神，就能产生做大事的气魄。不要小看作小事，不要讨厌做小事。如果每一件别人不愿意做的小事你都愿意多做一点，那你的成功率一定会不断提高。

对于每一位职场中人，成功最重要的秘诀之一就是去做别人不愿意做的小事。

因此，做事不可以被大小限制，被时间限制，被空间限制。人们只有具有超越自我、超越时空的观念，跳出大大小小的圈子，才能成就最普通而又最特殊、最平凡而又最高尚、最渺小而又最伟大的事业。

不因小而失大，不因少而失多。抛弃大小的竞争，抛弃高下的念头，抛弃富贵的欲望，而一心一意从小事做起，就是洗厕所、扫大街，也会比别人打扫得更干净。

越是那种埋怨自己工作价值渺小的人，真正给他们一份棘手的工作时，他们越是退缩而不敢接受。而具有十成力量的人，如果去做仅仅需要一成力量的工作，那其中就有了生命的意义和悠闲的心情。在长远的人生中，这种生命的意义和悠闲的心情对于人格的形成与扩展有决定性的帮助。

认真观察你就会发现，那些成功者及伟人都是注重小事的人，因此不要看轻任何一个细小的历练。没有人可以一步登天，当你认真对待并了解每一件事后，你就会发现自己的人生之路越来越广，成功的机遇也接踵而来。

细致入微，绝不忽视每一个细节

我们常说要追求卓越，其实卓越就是苛求细节的具体表现。卓越并非高不可攀，也不是遥不可及，只要我们认真从自己做起，从日常的每一件小事做起，并把它做精做细，就可以达到卓越的境界。

密斯·凡·德罗是20世纪世界4位最伟大的建筑师之一，他反复强调的是：不管你的建筑设计方案如何恢宏大气，如果对细节的把握不到位，就不能称之为一件好作品。细节的准确、生动可以成就一件伟大的作品，细节的疏忽会毁坏一个宏伟的规划。

当今全美国大的戏剧院有不少出自德罗之手。他在设计每个剧院时，都要精确测算每个座位与音响、舞台之间的距离以及因为距离差异而导致的不同的听觉、视觉感受，计算出哪些座位可以获得欣赏歌剧的最佳音响效果，哪些座位最适合欣赏交响乐，不同位置的座位需要作哪些调整方可达到欣赏芭蕾舞的最佳视觉效果。而更重要的是，他在设计剧院时要一个座位一个座位地去亲自测试和敲打，以根据每个座位的位置测定其合适的摆放方向、大小、倾斜度、螺丝钉的位置等等。

他这样细致周到地考虑的结果，是使他成了一个伟大的建筑师。和密斯·凡·德罗一样，美国著名的建筑大师莱特在做每一件事时，也将细微之处做到了完美。

在莱特毕生许多作品中，最杰出而脍炙人口的也许要算坐落于日本东京抗震的帝国饭店。这座建筑物使他名列当代世界一流建筑师之林。1916年，日本小仓公爵率领了一批随员代表日本政府前往美国聘请莱特建一座不畏地震的建筑。莱特随团赴日，将各种问题实地考察了一番。他发现日本的地震是继剧震而来的波状运动，于是断定许多建筑物之所以倒塌，是因为地基过深过厚。

于是他决定将地基筑得很浅，使之浮在泥海上面，从而使地震无从肆虐。

莱特决定尽量利用那层深仅2.66米的土壤。他所设计的地基由许多水泥柱组成，柱子穿透土壤栖息在泥海上面。可是这种地基究竟能不能支持偌大一座建筑物呢？莱特费了一整年工夫在地面遍击洞孔从事实验。他将长2.66米、直径0.266米的竹竿插进土里，随即很快抽出来以防地下水冒出，然后注入水泥，他在这种水泥柱上压以铸铁，测验它能负担的重量，结果成绩至为惊人。然后，根据帝国饭店的预计总重量，他算出了地基所需的水泥柱数。在各种数据准确的情况下，大厦动工了。筑墙所用的砖也经过他特别设计，厚度较平常加倍。1920年，帝国饭店正式完工，莱特返美。

3年之后，一次举世震骇的大地震突袭东京与横滨。当时莱特正在洛杉矶创建一批水泥住宅，闻讯后他坐卧不宁，等待着关于帝国饭店的消息。

一连数日毫无消息，到了某天凌晨3时，莱特的旅店寓所里电话铃声狂鸣。"喂！你是莱特吗？"听筒内传来一阵令人沮丧的声音，"我是洛杉矶检验报的记者。我们接到消息说帝国饭店已被地震毁了。"

　　数秒钟后，莱特坚定地回答道："你若把这消息发出去，包你会声明更正。"

　　10天之后，小仓公爵拍来了一通电报："帝国饭店安然无恙，从此成为阁下天才的纪念品。"在那次地震中，帝国饭店在整个灾区中竟因是唯一未受损害的房屋，而成了万千灾民的归宿。

　　小仓公爵的贺电顷刻间传遍全球，莱特成了妇孺皆知的名流。

　　生活中我们经常会发现，那些功成名就的人在功成名就之前，早已默默无闻地努力工作过很长一段时间。成功是一种努力积累的结果，更是苛求工作细节的最佳诠释。在实际工作中，不论你是一名老总还是普通员工，唯有"把每一件寻常的事都做得不寻常才好"。苛求细节的尽善尽美，才是走向成功的最佳途径。如果凡事你都没有苛求完美的积极心态，那么你永远无法达到成功的顶峰。